基于最小耗能原理的
岩石破坏理论与岩爆研究

周筑宝　唐松花　著

科学出版社

北京

内 容 简 介

本书给出了根据最小耗能原理建立岩石破坏理论的技术路径和方法，并在岩石可视为各向同性、线弹性且抗拉、压强度不等材料的条件下具体导出了岩石的破坏准则。该准则表明：①它是一个促使岩石发生破坏所需消耗能量的临界值表达式；②促使岩石发生破坏所消耗的能量，仅是岩石中因荷载作用而产生和蓄积的总弹性变形能中的某些特定部分，其临界值则是一材料常数，它恒等于岩石在单向受力情况下发生破坏所需消耗的能量，在三向受压并临近破坏时总弹性变形能将远大于临界值，二者之差在岩石破坏时将以动能的形式释放；③该准则能描述在不同卸载路径下岩石的破坏规律。综上，上述准则可用于对岩爆现象进行定量研究，从而为解决岩爆这一世界性科学难题提供了可能。

本书可作为从事岩石力学、隧道、地下工程和岩爆研究工作的人员以及相关专业的大学教师、博士和硕士研究生的参考用书。

图书在版编目（CIP）数据

基于最小耗能原理的岩石破坏理论与岩爆研究/周筑宝，唐松花著. —北京：科学出版社，2017.6
ISBN 978-7-03-053101-8

I. ①基… II. ①周… ②唐… III. ①岩石破坏机理-研究 ②岩爆-研究
IV. ①TU45②P642

中国版本图书馆 CIP 数据核字（2017）第 123553 号

责任编辑：刘凤娟 / 责任校对：蒋　萍
责任印制：张　伟 / 封面设计：陈　敬

科 学 出 版 社 出版
北京东黄城根北街 16 号
邮政编码：100717
http://www.sciencep.com

北京九州迅驰传媒文化有限公司 印刷
科学出版社发行　各地新华书店经销

*

2017 年 6 月第　一　版　开本：720×1000　B5
2018 年 1 月第二次印刷　印张：9　插页：3
字数：180 000

定价：**68.00 元**
（如有印装质量问题，我社负责调换）

前　言

2011年7月15日的《大众科技报》刊载了一篇题为"世界性难题牵绊大工程进展——钱七虎院士：岩爆机理尚待摸底"的文章。该文一开始便引用了我国著名防护工程和地下工程专家、中国岩石力学与工程学会理事长、中国工程院钱七虎院士在中国科学技术协会第51期新观点新学说学术沙龙上的讲话："虽然以岩爆为主题的国际学术会议已经举行了十多次，但是岩爆机理的研究大多停留在定性解释的阶段。岩爆的预测预警也进行了大量工程实践的探索和研究，取得了不少成功的经验，但是尚未上升到系统的理论。"为此，钱院士呼吁："岩石力学工作者特别是岩爆研究的技术人员，必须深入研究和弄清岩爆的机理，为深部岩石工程顺利开展提供科学理论和技术支持，更好地解决深地下矿产能源资源开发，西南巨大水能资源开发，长距离、大埋深交通隧道开挖，高放射核废料地下处置等一系列深部岩石工程问题。"时间虽然已过去了五年多，但对上述问题的研究至今尚未取得突破。以上情况表明：①岩爆研究具有巨大的现实意义和社会效益；②岩爆是一个公认的世界性科学难题。

所谓岩爆，通常是指在地层深部开挖掘进巷道或洞室时，因开挖扰动及开挖形成的巷道或洞室自由面被卸载而引发、并伴有猛烈能量释放的岩石破坏现象。这意味着只有在同时满足：①在地层深部进行开挖掘进；②开挖掘进导致围岩发生破坏；③因围岩破坏而引发猛烈的能量释放这样三个条件的情况下才会发生岩爆。虽然以上观点已是目前岩石力学界的共识，但由于在地层深部进行开挖掘进导致的围岩破坏是在围岩已预先承受高地应力作用的情况下因开挖掘进形成的巷道或洞室自由面被卸载引起的，然而在现有的强度理论体系中，对于这种因卸载而引起的岩石破坏规律的研究尚不够深入，尤其是对这种已承受高地应力作用的岩石在因卸载而引起的破坏发生时，究竟会释放出多少能量还说不清楚，从而才导致"虽然以岩爆为主题的国际学术会议已经举行了十多次，但是岩爆机理的研究大多停留在定性解释的阶段"这样一种令人不满意的现状。如前所述，岩爆与岩石的破坏紧密相关，众所周知的是，材料（包括岩石）的破坏理论至今仍是力学与材料科学中的一大难题，这一难题正是制约岩爆机理研究的瓶颈。

本书试图从作者提出的一种建立材料破坏理论的新思路切入，开展对岩爆机理的研究。

首先指出，可以将最小耗能原理作为建立包括损伤、屈服、破坏、断裂在内的各种形式材料破坏准则的统一理论框架，认为任何形式的材料破坏都是一个需要消耗能量的过程，因此它应受到最小耗能原理的规范，即任何形式的材料破坏都将在满足与其相应的约束条件下以耗能最小（亦即以其最容易破坏）的方式发生和进行。

其次，给出了根据最小耗能原理建立材料破坏理论的技术路径与方法，并在将岩石视为各向同性、线弹性且抗拉、压强度不等材料的条件下，具体导出了基于最小耗能原理的岩石破坏准则。该准则表明，① "准则"的物理意义是一个促使岩石发生破坏所需消耗能量的临界值表达式。② 促使岩石发生破坏所需消耗的能量与岩石中因荷载作用而产生和储存的总弹性应变能并不是一回事。只有当前者（而非后者）满足准则时，破坏才会发生，并且前者仅是后者中的某些特定部分。③ 促使岩石发生破坏所需消耗能量的临界值是一材料常数，它恒等于岩石在单向受力情况下发生破坏所需消耗的能量。由于在三向受压情况下岩石具有很高的强度，因此岩石在三向受压且临近破坏时，其中因荷载作用而产生和储存的总弹性应变能将远大于促使岩石破坏所需消耗的能量，二者之差在岩石发生破坏时将以动能的形式释放，于是据此即可定量地解决岩石破坏将会释放多少能量的难题。④ 该准则能够定量地确定，在已承受高地应力作用并未破坏的岩石，若在不同方向发生卸载，究竟在什么样的卸载路径下才会诱发破坏，从而解决了在岩爆机理研究中亟待解决的难题。需要指出的是：因开挖扰动及开挖形成的巷道和洞室自由面被卸载，不仅可能会引发围岩破坏并导致围岩破坏区释放能量，而且在围岩的非破坏区也会因上述"卸载"而导致其中弹性应变能的部分释放（本书第 4 章介绍了这部分释放能量的计算方法）。显然，当以上两部分释放能量之和达到了导致"猛烈的能量释放"水平时，岩爆也就发生了。工程实践表明，岩爆大多发生在对较完整且硬脆的地层深部岩体进行的挖掘过程之中，因此上述在假设岩石为各向同性、线弹性且拉、压强度不等材料情况下建立的基于最小耗能原理的岩石破坏准则，对定量研究和解释这种多发性的岩爆机理具有实际意义。

再次，本书还讨论了在将岩石视为各向异性、非线性、黏、弹、塑性材料的最一般情况下，如何根据最小耗能原理建立相应情况下的岩石破坏准则以及根据该准则如何定量确定岩石破坏时会释放多少能量的技术路径和方法。

最后，本书根据最小耗能原理导出了滑移型破坏准则，并给出了发生滑移破坏时可能会释放多少能量的计算公式，从而为定量研究滑移型岩爆机理提供了可能。

以上论述除本书外，尚未发现在其他论著中出现过，因此它既可视为仅是"一家之言"，也可视为是本书的创新点。

本书给出的具体算例都是定量性的，它表明基于最小耗能原理的岩石破坏理论有可能为岩爆的预测预警分析提供依据。

本书是在唐松花博士的协助下完成的，她除了提供算例并撰写了 5.4 节之外，还对有关论点提出过很好的建议。本书第 5 章的算例，是由唐博士的研究生崔宇鹏完成的。

鉴于岩爆研究是众所周知的世界性科学难题，本书所述内容仅是作者对解决这一难题的管见，不当之处在所难免，敬盼有关专家、学者不吝赐教。

周筑宝

中南大学　土木工程学院

2016 年 6 月 10 日

目　　录

第1章 绪 论

所谓岩爆，是指在地层深部开挖掘进巷道或洞室时，因开挖扰动及挖掘巷道或洞室形成的自由面被卸载而引发、并伴有猛烈能量释放的围岩破坏现象，因此岩爆与岩石的破坏理论紧密相关。众所周知，材料(包括岩石)破坏理论问题，至今仍是力学与材料科学中尚未解决的一大难题，正是这一难题制约着岩爆机理的研究。因此本书将以材料破坏理论为切入点来研究岩爆机理。

1.1 关于材料破坏理论的研究现状

材料的破坏理论在材料力学中通常又被称为强度理论，它是判断材料在复杂应力状态下是否破坏的理论。由于各种工程构件通常都在复杂应力状态下工作，因此强度理论是对一切工程结构进行强度设计的依据。鉴于不可能对各种材料在无穷多的、各种各样的应力状态下都进行实验，所以强度理论的研究就显得尤为重要。由于强度理论关系着安全和经济两个至关重要的主题，故长期以来备受国内、外工程界和力学界的广泛关注。大量的实验结果表明：不同的材料在同样的加载条件下会呈现不同的破坏形式(例如铸铁、低碳钢的圆轴试件及竹筒，在纯扭时的破坏面将分别与试件轴线大致成45°、90°及0°交角)；而同一种材料在不同应力状态下也会呈现出不同的破坏形式(例如在三向受压的情况下，通常被认为是典型脆性材料的岩石和砼，也会呈现明显的塑性破坏形态)。鉴于问题是如此复杂，强度理论问题至今未能得到圆满解决。综观目前国内、外在这一研究领域的状况发现，其主要问题是：现有的各种强度理论，实际上都是通过观察破坏现象后提出的各不相同的假设；在实用方面它们也常常与复杂应力状态下的实验结果相差较大，以致在许多情况下都使得目前为获得高精度应力分析成果所作的种种努力付之东流。因为高精度的应力分析成果相对于不精确的强度准则而言，"高精度"已失去了其应有的价值和意义。例如，砼是一种应用广泛的工程材料，经典强度理论认为第一、第二强度理论和 Mohr 强度理论可用于砼结构的强度设计。但试验结果表明，砼在双轴拉、压受力状态下所能承受的最大拉、压应力值都低于或显著低于单轴抗拉、抗压强度(这显然有悖于第一强度理论)；在三向受压的情况

下,砼能够承受远比单轴抗压强度大得多的压应力(这显然有悖于第一和第二强度理论);在三轴受压且当$\left|\dfrac{\sigma_3}{\sigma_1}\right|$较大时,中间主应力$\sigma_2$对砼的强度影响显著(这显然有悖于 Mohr 理论)。以上事实说明上述三种强度理论中的任何一种都不能正确描述砼的强度规律,把它们用于砼结构的强度设计,都难免有时不能保证安全,有时又显得不够经济合理。为了解决这一困扰工程界的力学问题,从 20 世纪 70 年代以来,人们在进行大量真三轴强度试验的基础上,提出了多种砼在复杂应力状态下的所谓通用(统一)强度准则。但就本质而言,这些准则实际上都是通过拟合实验数据得到的一些经验公式,它们没有明确的物理意义并带有一定的局限性和盲目性。

　　由于材料在荷载作用下发生的破坏(包括屈服)是一种宏观现象,因此长期以来人们都习惯于以"通过观察破坏现象然后提出某种假设"的方式来建立强度理论。但按这种方式建立起来的各种准则,由于没有与材料的破坏机理相联系,因此存在着前述的各种问题。为了弄清楚材料的破坏机理以及它们和材料宏观破坏现象之间的相互联系,从 20 世纪 80 年代起,在国内外逐渐兴起并形成了一种宏、细、微观相结合的、研究材料破坏理论的热潮和趋势。众多学者都寄希望于沿此途径能从根本上弄清楚材料破坏过程所应遵循的规律,并进而建立合理的材料破坏理论。但这是一个多尺度、跨学科、难度极大的命题。例如,当我们即使仅从宏、细观相结合的角度研究材料的破坏时,通常意义下的材料就已不能视为是一种材料,而只能看做是一种构造形式复杂的"结构"了(或者说,代表着宏观层次的所谓"点"的那些细观单元,实际上已是一些包含着不同微缺陷排列组合的不同"结构"了)。因为通常所说的"材料强度",从宏观来看,实际上是一种平均意义下的"材料行为",如果从细观来看,它就不是一种"材料行为",而是一种"结构行为"了。这意味着除非假设上述代表着宏观层次所谓"点"的那些细观单元都具有相同的微缺陷排列组合(即假设它们是一些具有同一构造形式的相同"结构"),否则通常宏观意义下的所谓材料强度的概念已不复存在。1999 年中国科学院力学研究所的白以龙院士在哈尔滨召开的全国固体力学学术会议上所作的"从损伤累积推测破坏"的报告中,关于"跨越宏观—细观两个层次的敏感性表明,细观层次因无序而引起的微小差别,有可能最终导致宏观层次的显著差异,这在固体破坏现象中有实质性的意义"的论述表明,即使是仅从宏、细观相结合的角度来研究材料的破坏理论,也会遇到非常大的困难。显然,如果不对存在于材料中的"无序"初始微缺陷分布作出某种适当的假设、简化或统计处理,克服上述困难的希望是渺茫的。因为即使对同一批次生产出来的同一种材料,其"细观层次因无序而引起的微小差别"也是不可避免的, 而这种"微小差别"又有可能最终导致"宏观层次的显著差异"(其中当然也包含宏观破坏现象的"显著差异")。这意味着即使仅从宏、细观的研究成果出发, 去推求材料的宏观破坏规律时, 也要不可避免地作一些假设、简化或统计处理, 而不同的假设、简化或统计处理通常又会得出不同的宏观破坏规律, 这就使得由实验观察到的宏观破坏现象反过来又成了判别上述宏、细观相结合的研究方法中所采用的假设、简化或统计处理是否正确的依据。由此可见, 即使是仅采用宏、细观相结合的方法来研究材料的破坏理论, 实际上也难免要根据由实验观察到的材料宏观破坏现象来对所作出的假设、简化或统计处理方法进行修正和调整。显然, 这还是没能走出"通过观察材料的破坏现象, 然后提出某种假设"的老路, 所不同的只是将宏观层次的假设转移到了细、微观层次而已。

关于强度理论的研究, 已有三百多年的历史。虽然迄今为止, 各国学者关于强度理论所提出的假设和理论已达数百个之多, 所发表的论文也数以千计, 但问题至今还未获得圆满解决。因此, 把材料的"破坏过程"与"湍流"并列为当今两大力学难题, 绝不是偶然的。可以预料, 对材料的破坏过程(包括强度理论)的研究, 必定还需要经过持久的努力、长期的研究工作积累, 才有可能获得突破和成功。为了加快这个进程, 探索新的研究方法和理论显然是十分必要的。

1.2 关于岩石破坏理论的研究现状

岩石和砼的性能有许多相似之处, 但由于岩体是自然形成的地质体, 因此它的强度问题要比人工配制的砼强度问题更为复杂。从 20 世纪 70 年代以来, 国内外学者们在对岩石和砼进行了大量真三轴应力强度实验的基础上, 基本上弄清楚了岩石和砼在主应力空间破坏包络面的大致形状, 并归纳出如下一些主要特征[1, 2]。

(1)岩石和砼在主应力空间的破坏包络面与偏平面的交线(即偏平面上的破坏线)的主要特征:

①交线是连续光滑的外凸曲线;

②交线应是三折对称的封闭曲线;

③随着偏平面在 σ_m 轴上的位置由 $\sigma_m > 0$ 一侧向 $\sigma_m < 0$ 一侧移动, 交线的形状也由逐渐扩大的近似三角形向圆周过渡。

(2)岩石和砼在主应力空间的破坏包络面与 Lode 角 θ 等于常数的平面的交线, 即子午线的主要特征:

①子午线是连续光滑的外凸曲线并与八面体正应力 σ_8 (即 σ_m)和八面体剪应

力 τ_8 有关；

②与 $\theta=0°$ 和 $\theta=60°$ 对应的所谓拉、压子午线，当 σ_8 取同一值时，它们所对应的 τ_8 之比为 $(\tau_8)_t / (\tau_8)_c \leqslant 1$，并且在 $\sigma_8<0$ 一侧比值随着 $|\sigma_8|$ 的增加而增大；

③不同 θ 角所对应的子午线在 $\sigma_8>0$ 的一侧有同一交点（即破坏包络面在 $\sigma_8>0$ 的一侧闭合，且其顶点在 σ_8 轴上），但在 $\sigma_8<0$ 一侧子午线与 σ_8 轴没有交点（即破坏包络面在 $\sigma_8<0$ 一侧呈开口状）。

从上述由实验得到的对岩石和砼在主应力空间中破坏包络面形状的基本认识出发，国内外学者都提出了一些各不相同的拟合岩石和砼破坏包络面的数学模型[3-12]，但以这些数学模型表示的各种岩石和砼强度准则，由于没有明确的物理意义，因此不可避免地带有盲目性和局限性。

现有的一些有代表性并为工程界接受的岩石和砼强度准则主要有[1-13]：Mohr-Coulomb 准则、Hoek-Brown 准则、Drucker-Prager 准则、Menetrey-Waillam 准则、Reimann 准则、Bresler-Pister 准则、Willam-Warnke 三参数及五参数准则、Ottosen 准则、Hsieh-Ting-Chen 准则、Podgorski 准则、Kotsovos 准则、过镇海准则、双剪应力系列准则、钱在兹等提出的"统一强度准则"、宋玉普、赵国藩等提出的"通用破坏准则"等。显然，判断这些准则优劣的基本出发点就是要看这些准则与前面已归纳出的主要特征符合的情况究竟如何，而不论其在开始提出之初是否具有物理意义。例如双剪应力系列准则，是由我国学者俞茂宏提出的双剪应力准则发展起来的系列准则，对岩石和砼而言，它包括考虑静水压影响的双剪应力三参数准则、双剪应力三参数角隅模型准则、双剪应力五参数准则、双剪应力四参数准则、双剪应力五参数角隅模型准则等组成的系列准则。虽然双剪应力准则本身是有物理意义的（其物理意义是：假设当作用于单元体上的两个较大主剪应力之和达到某一极限值时，材料即开始破坏），然而由它发展起来的考虑静水压影响的双剪应力三参数准则、双剪应力五参数准则和双剪应力四参数准则，则因为要拟合岩石和砼在主应力空间破坏包络面的主要特征，而不得不在两个较大主剪应力之和的基础上又累加了具有待定系数的与两个较大主剪应力相应的正应力项及八面体正应力的一次或二次项。与双剪应力三参数及五参数准则相应的角隅模型准则，则为了使双剪应力三参数及五参数准则在偏平面上的破坏线由不等边的直线尖角六边形化为带圆角的近似三角形，还需要用一条光滑外凸的近似三角形曲线去拟合上述由直边组成的不等边尖角六边形。这样一来，实际上使得上述由双剪应力准则演化而来的各种岩石和砼的双剪应力系列准则失去了物理意义，并且也蜕变成了仅仅是拟合岩石和砼在主应力空间破坏包络面的一些经验公式。

综上可见，建立现有的一些有代表性并为工程界所接受的岩石和砼强度准则的基本出发点，实际上就是研究究竟用什么样的、以各种力学量作为自变量的函数(或多项式)去拟合通过大量真三轴应力强度实验资料总结出来的、岩石和砼在主应力空间破坏包络面的主要特征会更好的问题，因此现有的各种岩石破坏准则从本质上说都是一些没有物理意义的经验公式。

1.3　最小耗能原理与强度理论

文献[14]～[16]提出并证明了一个最小耗能原理，即"任何耗能过程都将在与其相应的约束条件下，以最小耗能的方式进行"。这里所谓"以最小耗能的方式进行"的含意，是指在耗能过程中的任意时刻，其耗能率都取当时所有可能耗能率的最小值。根据非平衡态热力学的理论[17-19]，任一热力学系统 V 内的微小单位体积中的耗能率，可用耗散函数表示为

$$\varphi = T\sigma = T\sum_{k=1}^{n} J_k X_k \tag{1.1}$$

其中，T 为微小单位体积的绝对温度；σ 为微小单位体积的熵产生；J_k 为第 k 种不可逆过程的"热力学流"；X_k 为第 k 种不可逆过程的"热力学力"，通常它们都是表示耗能过程的时间参数 t 的函数，并且在一般情况下 J_k 应是所有 $X_k (k=1,\cdots,n)$ 的线性或非线性函数。于是系统 V 的总耗能率为

$$\phi = \iiint_V \varphi \mathrm{d}V \tag{1.2}$$

设与该系统耗能过程相应的约束条件可表示为

$$\begin{cases} f_1(X_1, X_2, \cdots, X_n) = 0 \\ \qquad \cdots\cdots \\ f_m(X_1, X_2, \cdots, X_n) = 0 \end{cases} \tag{1.3}$$

于是根据最小耗能原理，对整个耗能过程的任一时刻，(1.2)式应在满足(1.3)式的条件下取驻值，在引入 Lagrange 乘子 λ_j 之后有

$$\begin{cases} \dfrac{\partial\left(\varphi + \sum\limits_{j=1}^{m}\lambda_j f_j\right)}{\partial X_1} = 0 \\ \qquad\qquad \cdots\cdots \\ \dfrac{\partial\left(\varphi + \sum\limits_{j=1}^{m}\lambda_j f_j\right)}{\partial X_n} = 0 \end{cases} \tag{1.4}$$

显然，当我们将(1.4)式中的某些成分视为已知的，而把剩余的其他成分视为待定时，则有可能借助于(1.4)式使被视为待定的那些成分得到确定。当 J_k、X_k 分别取为不同研究领域(如传热学、电学、固体力学等)内的热力学流和热力学力的表达式时，常常可使该研究领域的某些棘手问题得到解决。文献[14]和[16]已按此思路得到了耗散型材料本构关系的一般表达式，并且由此一般表达式出发，具体导出了现有的、建立在不同假设基础之上的、经典塑性力学的各种本构关系，以及黏塑性力学中建立在模型理论假设基础之上的 Bingham 体及 Maxwell 体的本构关系和建立在广义正交法则假设基础之上的广义标准材料的本构关系。文献[15]和[16]则按此思路导出了一些进行结构分析的新变分原理。下面将讨论按此思路提出的一种建立强度理论的新途径和新方法。

可以认为，材料的屈服或破坏都需要消耗能量，但对某一材料单元而言，只有当促使该单元发生屈服或破坏的能量蓄积到一定程度(即达到临界值)时，该材料单元的屈服或破坏现象(即因屈服或破坏所导致的耗能现象)才有可能发生。因此通常所说的屈服或破坏准则，实际上就应该是以某些力学量表示的上述能量蓄积程度的临界值表达式。另外，屈服或破坏准则同时也可以看作该材料单元发生屈服或破坏耗能所必须满足的约束条件，因为只有满足强度准则，屈服或破坏耗能才有可能发生。然而，促使材料发生屈服或破坏的能量究竟要蓄积到什么程度屈服或破坏现象才会发生，以及上述的以某些力学量来表示的能量蓄积程度的临界值表达式(即准则)究竟应取何种形式，都将会依具体材料的性能以及促使材料发生屈服或破坏的应力状态的不同而异。如果材料单元在屈服或破坏过程中的耗能率表达式已知，而将准则(即材料单元在发生屈服或破坏耗能时所必须满足的约束条件)或准则中的某些部分视为待定成分，则利用根据最小耗能原理得到的(1.4)式就有可能完全确定待定的准则[14,16]。

例如，由塑性力学的增量理论知，材料在屈服之后发生的不可逆主塑性应变率为

$$\dot{\varepsilon}_i^p = \frac{2\lambda}{3}\left[\sigma_i - \frac{1}{2}(\sigma_j + \sigma_k)\right] \quad (i, j, k \text{ 按 } 1, 2, 3 \text{ 顺序轮换}) \tag{1.5}$$

如此，微小单位体积材料在外荷载作用下的耗能率表达式可表示为

$$\varphi = \sigma_i \dot{\varepsilon}_i^p = \frac{2\lambda}{3}[\sigma_1^2 + \sigma_2^2 + \sigma_3^2 - (\sigma_1\sigma_2 + \sigma_2\sigma_3 + \sigma_3\sigma_1)] \tag{1.6}$$

其中，λ 为比例常数，$\dot{\varepsilon}_i^p$ 为主塑性应变率，σ_i 为主应力(i=1,2,3)。由于以(1.6)式表示的材料屈服耗能过程只有在满足屈服准则之后才有可能发生，故屈服准则就是发生上述以(1.6)式表示的屈服耗能所必须满足的约束条件。设此约束条件

(即屈服准则)为

$$F(\sigma_1, \sigma_2, \sigma_3) = 0 \qquad (1.7)$$

其中 $F(\sigma_1, \sigma_2, \sigma_3)$ 为待定的未知函数，它可按如下方式确定。根据最小耗能原理，在发生屈服的瞬时，(1.6)式应在满足(1.7)式的条件下取驻值，于是有

$$\frac{\partial(\varphi + \lambda^* F)}{\partial \sigma_i} = 0 \quad (i = 1, 2, 3) \qquad (1.8)$$

其中，λ^* 为 Lagrange 乘子。在将(1.6)、(1.7)两式代入(1.8)式之后有

$$\begin{cases} \dfrac{\partial F}{\partial \sigma_1} = -\dfrac{\lambda}{\lambda^*} \dfrac{2}{3}(2\sigma_1 - \sigma_2 - \sigma_3) \\[2mm] \dfrac{\partial F}{\partial \sigma_2} = -\dfrac{\lambda}{\lambda^*} \dfrac{2}{3}(2\sigma_2 - \sigma_1 - \sigma_3) \\[2mm] \dfrac{\partial F}{\partial \sigma_3} = -\dfrac{\lambda}{\lambda^*} \dfrac{2}{3}(2\sigma_3 - \sigma_1 - \sigma_2) \end{cases} \qquad (1.9)$$

将(1.9)式代入 $dF = \dfrac{\partial F}{\partial \sigma_1} d\sigma_1 + \dfrac{\partial F}{\partial \sigma_2} d\sigma_2 + \dfrac{\partial F}{\partial \sigma_3} d\sigma_3$ 并积分可得

$$F(\sigma_1, \sigma_2, \sigma_3) = -\frac{2\lambda}{3\lambda^*} \left(\sigma_1^2 + \sigma_2^2 + \sigma_3^2 - \sigma_1\sigma_2 - \sigma_2\sigma_3 - \sigma_3\sigma_1 - c \right)$$

其中 c 为积分常数。

于是约束条件(即屈服准则) $F(\sigma_1, \sigma_2, \sigma_3) = 0$ 可写为 $\sigma_1^2 + \sigma_2^2 + \sigma_3^2 - \sigma_1\sigma_2 - \sigma_2\sigma_3 - \sigma_3\sigma_1 = c$。若令 $\sigma_1 = \sigma_s$ (假设材料的拉、压屈服极限均为 σ_s)，将 $\sigma_2 = \sigma_3 = 0$ 代入上式可得 $c = \sigma_s^2$。这样在材料屈服之后其本构关系满足增量理论，且积分常数 c 可由单轴拉、压实验确定的条件下，材料的屈服准则就可表示为：$\sigma_1^2 + \sigma_2^2 + \sigma_3^2 - \sigma_1\sigma_2 - \sigma_2\sigma_3 - \sigma_3\sigma_1 = \sigma_s^2$。如此，我们就在已知耗能率表达式(或已知材料屈服后的本构关系)，并且在把准则(即约束条件)视为待定成分的情况下，根据最小耗能原理导出了著名的 Mises 屈服准则。显然，上例不仅清楚地表明了按最小耗能原理来建立强度理论的具体方法和步骤，而且还以实例印证了前面关于强度准则"既是材料单元发生屈服或破坏耗能所必须满足的约束条件，同时也是促使材料单元发生屈服或破坏的能量蓄积程度的临界值表达式"的结论，因为众所周知，实际上可认为 Mises 屈服准则的物理意义是：当材料的弹性形状改变比能蓄积到某一程度(即临界值)时，材料即发生屈服(即促使材料发生屈服的能量与总应变能中的体积改变能无关)。

综上可以看出，"认为材料的屈服或破坏是一个需要消耗能量的过程，因此材料的屈服和破坏应受到最小耗能原理的规范"是上述建立强度理论新思路的理论

基础。这与通常在实验中观察到的"材料的屈服或破坏将总是在相应的给定条件的约束下，以其最容易发生屈服或破坏的方式发生和进行"的情况也是一致的。

1.4　对强度理论问题的再认识

1.4.1　对经典强度理论中能量理论的再认识

要使固体屈服或破坏，都必须克服保持物体固有形状及物体强度的分子力，为此就需要消耗能量，因此按能量理论的观点来建立判别强度的准则，实在是抓住了事物本质的、既合理又自然的事情。但由于种种原因，上述思想在从其提出至今的一百多年以来，并未得到应有的发展，以致经典强度理论中的大多数都不是建立在能量理论的基础之上，而是建立在通过观察破坏现象后提出的假设基础之上的各种应力型或应变型准则。除 Mises 准则之外，目前工程设计中常用的最大正应力准则、最大拉应变准则、最大剪应力准则、Mohr-Coulomb 准则、双剪应力准则、广义双剪应力准则等都是属于上述类型的准则。

按能量原理建立强度理论的想法，最初是由 Maxwell 在 19 世纪中叶想到的[11,20]，但他并未公开发表他的研究成果，Beltrami 在 1885 年又独立地重新提出了这种想法。由于这种见解从物理学的观点来看是这样的自然并有根据，以致当时甚至有人惊讶，为什么这些见解在他们之前竟没有被发现。但是，由于 Beltrami 在提出这种理论时，从一开始就把以能量表示的准则取成过于狭窄的确定形式

$$\sigma_1^2 + \sigma_2^2 + \sigma_3^2 - 2\mu(\sigma_1\sigma_2 + \sigma_2\sigma_3 + \sigma_3\sigma_1) - \sigma_0^2 = 0 \qquad (1.10)$$

其中，$\sigma_i(i=1,2,3)$ 为主应力；μ 为泊松比；σ_0 为抗拉强度。这就大大限制了以(1.10)式表示的能量型准则所能解决问题的范围，从而导致了这个最初提出的能量型准则在实际应用中的失败。虽然以(1.10)式表示的准则在 1904 年经 Huber 修正后，得到了后来被称为形状改变比能准则(即 Mises 准则)的能量型准则，但是由于 Huber 的修正是以实验结果为依据的，所以他的修正在客观上反而使得这个按能量原理建立的强度准则与其他类型(如应力型或应变型)的强度准则一样，也成了建立在通过实验观察破坏现象后提出的假设基础之上的准则，从而失去了经典强度理论中的能量理论本来在理性认识上起点较高的优势，并使这种理论长期以来没有得到应有的发展。

1.3 节及文献[14]和[16]所介绍的新理论，实际上是对上述经典强度理论中的能量理论的继承、创新和发展。因为如果假设对单轴抗拉、抗压强度相等的线弹性材料而言，促使其任一微小单位体积发生破坏的能量蓄积程度的临界值表达式

（即准则）可用弹性应变比能（即单位体积中的总应变能）表示为

$$\frac{1}{2}\sigma_i\varepsilon_i = \frac{1}{2E}[\sigma_1^2 + \sigma_2^2 + \sigma_3^2 - 2\mu(\sigma_1\sigma_2 + \sigma_2\sigma_3 + \sigma_3\sigma_1)] = C \qquad (1.11)$$

其中，E 为弹性模数；μ 为泊松比。若设 σ_0 为材料的单轴抗拉或抗压强度，则由简单拉、压实验可得临界值 $C = \frac{\sigma_0^2}{2E}$，将其代入 (1.11) 式则得 (1.10) 式。由此可见，以 (1.10) 式表示的经典强度理论中的能量理论，仅是 1.3 节及文献 [14] 和 [16] 所介绍的新理论的一个特例。但在这个特例中，由于只考虑了准则应是促使材料单元发生破坏的能量蓄积程度的临界值表达式这样一个因素，而忽略了准则同时还应该是材料单元发生破坏耗能时所必须满足的约束条件，以及此破坏耗能过程应受到最小耗能原理的规范这样两个重要因素，从而从一开始就把准则取成过于狭窄的 (1.11) 式的形式（即认定弹性应变比能就是促使材料发生破坏的能量），以致在上述导出 (1.10) 式的过程中，由于以 (1.11) 式给出的待定准则除了只包含一个要由实验确定的、表示破坏时能量蓄积程度临界值的待定常数 C 之外，不再包含其他任何待定成分，所以对这个特例而言，它实际上从一开始就没有给使用最小耗能原理留下余地。这样一来就使得这个特例无法考虑单轴拉、压强度不等以及破坏过程中材料本构关系和应力状态对准则可能产生的影响，从而导致了试图以 (1.10) 式作为通用型强度准则的经典强度理论中的能量理论的失败。1.3 节及文献 [14] 和 [16] 介绍的新理论除了认为强度准则应与导致材料破坏的应力状态有关之外，还在综合考虑 Maxwell 及 Beltrami 最早提出的经典强度理论中的能量理论以及被塑性力学中 Drucker 假设首先揭示出来的屈服准则与屈服后材料的本构关系之间具有"正交"关系这样两个基本观点的基础上发展并提出的 1.3 节及文献 [14] 和 [16] 介绍的新理论。已如前述，这种新理论通过最小耗能原理除了将上述两个基本观点融合在一起之外，还能反映促使材料发生屈服或破坏的应力状态对强度准则的影响，从而形成了一种以最小耗能原理作为统一理论框架建立强度理论的新思路。这种新思路的主要论点是：屈服或破坏准则应该是一个与材料屈服或破坏前后的性能以及促使材料屈服或破坏的应力（或应变）状态都存在某种联系的能量表达式，这种联系的纽带就是最小耗能原理。

"根据材料破坏前的本构关系将准则取为具有某些待定成分的促使材料发生破坏能量蓄积程度临界值表达式的形式，并把它作为以耗能率表示的屈服或破坏耗能过程所必须满足的约束条件，然后再根据材料的屈服或破坏耗能应受到最小耗能原理的规范这个重要条件来确定准则中的待定成分"，是 1.3 节及文献 [14] 和 [16] 介绍的新方法与 Maxwell 及 Beltrami 的经典方法的根本不同之处。显然，按这种新方法建立的准则不仅更加符合作为准则所必须满足的各种条件，而且还大大拓展了经典强度理论中的能量理论所能解决问题的范围。只要已知某种材料屈服或破坏前、后的本构关系，以及表示该材料性能的一些基本参数(如抗拉、抗压强度及泊松比等)，则按此新方法即可导出与这种材料相应的强度准则，不同性能(即不同的破坏前后的本构关系)的材料将对应不同的强度准则，并且促使材料屈服或破坏的应力状态对强度准则的影响也能定量地得到反映。以上情况说明，有可能在最小耗能原理这个统一的理论框架下，按照大体相同的模式建立起一个既能考虑材料发生屈服或破坏前后性能，又能考虑促使材料发生屈服或破坏的应力(或应变)状态影响的能量型强度理论新体系。

1.4.2　对影响强度准则因素的再认识

经典强度理论中的能量理论实际上认为：强度准则应该是一个弹性应变比能蓄积程度的临界值表达式(即认为促使材料发生破坏的能量就是其中蓄积的弹性应变能)，因而它应与材料屈服或破坏前的本构关系有关。但这种认识由于遭到了已如前述的、在实际应用中的失败而长期未受到强度理论研究者的重视。塑性力学中的 Drucker 假设则建立了屈服准则与材料屈服后的本构关系之间的联系，但长期以来这种联系更多的是被用来建立材料屈服后的增量型本构关系，而对它有可能被用来建立屈服准则的一面却忽视了。文献[21]中关于"同一种材料于某一些应力状态时发生流动，而于另一些应力状态时则脆性破坏；并且不存在从一种类型应力状态向另一种类型应力状态转变的绝然界线"的论断则意味着：强度准则与促使材料发生屈服或破坏的应力状态也是有关系的。以上情况表明，虽然研究者们早就已经意识到了强度准则应该与材料屈服或破坏前、后的性能(如本构关系和一些有关的材料参数)以及促使材料屈服或破坏的应力状态这三个影响因素有关，但由于对这三个影响因素的认识是"零散的"，因此在实际建立强度准则时，这三个影响因素常常受到不同程度的忽视，以致在现有的常用强度理论体系中还找不出一个能够同时反映屈服或破坏前、后材料性能以及应力状态影响的强度准则。鉴于材料的强度确实与材料屈服或破坏前、后的性能以及促使材料发生屈服或破坏的应力状态有关，因此忽略上述三个影响因素中的任何一个，都将对准则的精度及其适用范围产生不利的影响。

文献[14]和[16]实际上就是在充分考虑上述三个影响因素的前提下来建立强度准则的。由文献[14]和[16]中第 3 章按此新思路建立砼强度准则及正交各向异性材料强度准则的推导过程可见，具有待定系数的准则表达式将主要由材料发生破坏前的性能决定，破坏过程中的耗能率表达式将由破坏过程中的材料性能决定，而准则表达式中的待定系数则与促使材料发生屈服或破坏的应力状态有关。与材料强度有关的三个因素，在材料的屈服或破坏耗能应受到最小耗能原理规范的条件下，被同时融合到按此新思路建立的新准则之中，因此新准则将不存在由于忽略某个影响因素而可能对准则精度及其适用范围带来的不利影响。

综上，虽然在此之前已经"零散地"知道材料的强度不仅与材料屈服或破坏前后的性能有关，而且与促使材料发生屈服或破坏的应力状态有关，但对它们之间究竟是一种什么样的关系的认识却很模糊，以致在实际建立强度准则时，在大多数情况下只注意到了应力状态一个影响因素而忽视了另两个因素。1.3 节及文献[14]和[16]提出的新理论则将它们之间的相互影响关系通过最小耗能原理融合在一起并使之得到具体化和确定化。显然，这将有利于加深人们对影响强度准则各因素所起作用的认识。

1.4.3 对导致当前在强度准则研究领域中多种理论并存局面的再认识

提出并形成一个物理概念清晰、理论模型统一，而且又能灵活地适用于众多材料和不同应力状态的统一强度理论，是工程界及力学界长期以来的共同期盼。但由于强度准则不仅和材料在发生屈服或破坏前后的性能有关，而且和促使材料发生屈服或破坏的应力状态有关，另外还因为材料屈服或破坏前后性能的多样性（这种多样性在某些条件下还与应力状态有关）以及促使材料发生屈服或破坏的可能应力状态组合的无穷性，强度准则的情况变得十分复杂，以致一些在通常情况下具有不同性能的材料有可能会在某些情况下服从同一种强度理论；而对同一种材料而言，却也可能会因应力状态不同而需采用不同的强度理论。显然，面对这样复杂的情况，仅采用传统的"通过实验观察屈服或破坏现象，然后提出假设"的建立强度准则的方法，只能导致目前在强度理论研究领域中多种理论（假设）并存的局面。因为上述传统的建立强度准则的"唯象学"方法没有统一的理论框架，以致按此方法建立的各种准则虽然都能得到某些实验结果的支持，但也存在很大的局限性。它们通常是一种准则只适用于某一类型的特定材料，对应力状态的取值范围也有一定的限制，并且众多的准则之间彼此没有联系，这样就造成了"每一种理论都有一定的道理，但又彼此不能兼容和替代"，以致多种理论并存的局面。按 1.3 节及文献[14]和[16]提出的建立强度准则的新思路来建立准则，虽然对于不同性能的材料、不同的应力状态，也会得到不同的强度准则的具体表达式，但按此新思路建立的新准则系列，除了具有相同的物理意义、统一的理论框架并能同时反映前述"三因素"对材料强度的影响之外，各准则之间还具有"兼容性"（例如，文献[14]和[16]中导出的砼强度准则就可被视为是文献[14]和[16]中导出的正交各向异性材料强度准则的特例），所有这些显然正是我们所期盼的。需要指出的是，由于按此新思路建立的都是"能量型"准则，因此新准则系列体系除了能"兼容"也属于"能量型"准则的 Mises 准则外，却无法"兼容"其他各种"应力型"或"应变型"准则(例如按新思路是无法导出第一、第二强度理论和最大剪应力理论的)，尽管在已知本构关系的条件下"能量型"准则总是可以或者用应力、或者用应变来表示，但由于"能量型"准则与"应力型"及"应变型"准则具有完全不同的物理意义，因此，新准则体系无法与现有的"应力型"或"应变型"准则实现"兼容"。

1.4.4　对研究强度问题基本思路的再认识

由于强度问题与宏观的屈服或破坏现象紧密相关，因此长期以来人们都习惯于从宏观的角度去研究强度问题。例如，通常说某种材料的抗拉强度是 σ_b 时，实际上就是指在单轴拉伸情况下导致该材料发生破坏的名义应力的平均值是 σ_b。在这样定义材料的抗拉强度之后，就可以在对抗拉构件进行强度设计时，无须再考虑由于制造构件的材料中不可避免地存在各种细、微观缺陷所造成的缺陷附近应力集中以及材料中的夹杂和它们之间的相互影响，从而使问题大大简化。目前通用的强度设计理论，实际上就是将上述解决问题的思路推广到复杂应力状态的情况。但是由于导致材料发生宏观屈服或破坏的可能名义应力组合，其数量是无穷的，因此不能简单地完全照搬上述单轴应力状态下的解决问题的模式。为使复杂应力状态下的强度设计问题得到解决，目前的基本思路是：首先根据实验观察屈服或破坏现象，然后提出某种假设，并根据该假设建立起在复杂应力状态下材料发生屈服或破坏时名义应力张量所应满足的条件(即强度理论)，继而在不考虑构件中实际存在各种细、微观缺陷及夹杂的条件下进行应力分析，在求得构件中的名义应力分布之后，利用已经建立的强度理论即可在复杂应力状态下对该构件进行强度设计。

已如前述，材料发生屈服或破坏时名义应力张量所应满足的条件(即强度理论)，除了与材料屈服或破坏前、后的性能有关之外，还和促使材料发生屈服或破坏的应力状态有关，并且在某些情况下应力状态还对材料的性能有显著影响。由于情况是如此之复杂，上述解决复杂应力状态下强度设计的基本思路，在关于建立强度理论的这一步中就存在着如前所述的一系列问题。为了从根本上解决上述在强度设计中遇到的问题，目前众多的研究者都寄希望于能通过从研究材料的屈服或破坏机理入手，即采用宏、细、微观相结合研究材料强度理论的方法来解决这一难题。如 1.1 节所述，这样一来就必须考虑十分复杂的细、微观缺陷及夹杂的影响问题，从而使强度问题的研究又陷入到另一种意义下的困难之中。

通过以上分析可见，当前解决强度问题的关键，在于建立起一种在各种复杂应力状态下都能够与材料实际的宏观屈服或破坏现象相吻合的强度理论新体系。至于是用宏观的方法或是采用宏、细、微观相结合的方法去实现这一目标，则仅是解决同一问题的不同途径而已，这两种途径显然并不相悖而是殊途同归。文献[14]和[16]的研究工作实际上就是试图从宏观方法中找出一条解决问题的新途径。

1.4.5　对强度理论研究范围的再认识

强度理论是对一切工程构件和结构进行强度设计的基础，随着人们对强度问题研究的深入，强度理论研究的范围也在扩大，例如在断裂力学问世之后，已使讨论开裂构件的强度问题成为可能。目前的强度理论体系是不能用来研究开裂构件强度问题的，由断裂力学知，对开裂构件进行强度分析，需要针对不同裂纹类型建立起与之相应的断裂准则。鉴于现在一般都把强度理论放在材料力学这门课程中讲授，而断裂准则则属于断裂力学的研究范畴，因此目前人们更多的只是注意到了材料力学中的强度理论和断裂学中的断裂准则之间的不同，而对这两者之间的共同点则还未作深入研究。文献[14]和[16]从最小耗能原理出发，不仅具体导出了 Mises 屈服准则、砼的以及正交各向异性材料的强度准则，而且还具体导出了著名的最小应变能密度因子断裂准则和以损伤应变能密度释放率表示的损伤破坏准则。这说明材料力学中的强度理论与断裂力学中的断裂准则以及损伤力学中的损伤准则，都有可能在最小耗能原理这个理论框架下统一起来，从而形成一种广义的强度理论新体系。在这个广义的强度理论新体系中，认为材料的损伤、屈服、破坏及断裂过程都是耗能过程，而且这些耗能过程还都应受到最小耗能原理的规范。于是根据最小耗能原理，材料力学中的屈服及强度准则和断裂力学中的断裂准则及损伤力学中的损伤演变及破坏准则就都可以看作是与上述屈服、破坏及断裂和损伤过程相应的耗能过程所必须满足的约束条件，并且这个约束条件还可用一个促使材料发生屈服、破坏或裂纹扩展及损伤演化的能量的蓄积程度的临界值表达式来表示。于是这个广义强度理论新体系中的各种准则都有可能在最小耗能原理这个统一的理论框架下按照大体相同的模式导出。

1.4.6　应力集中现象与强度问题以及为什么会有应力集中

任何工程材料都难免会存在这样或那样的缺陷。众所周知，在这些缺陷处的应力集中现象将会大大降低材料发生破坏时的名义应力，由此可见应力集中现象实际上是影响强度问题的关键和核心。综上，在对材料的破坏理论进行深入探讨时，显然不能不认真考虑"为什么会有应力集中？"这样一个对材料破坏起着关键和核心作用的问题。令人遗憾的是，虽然应力集中现象早已为人们所关注，并且关于这个问题的专门论著也不少，但这些论著却基本上都是侧重于研究具有不同几何形状孔洞、裂纹、角缘或其他缺陷的结构在各种荷载作用下的应力集中系数、应力集中区的范围以及在该区域中的应力分布情况等与结构强度分析紧密相关的问题，而对究竟为什么会产生应力集中这样一个根本性的问题，却很少有人关心和提起。

从最小耗能原理出发研究材料的破坏理论，实际上就是认为材料的破坏过程是一个需要消耗能量的过程，因此它应该受到最小耗能原理的规范，这意味着任何材料(或结构)的破坏，都将在问题给定的条件下按耗能最小的方式进行。显然，真实的耗能最小的破坏方式将始终包含在沿着材料(或结构)原有的孔洞、裂纹、角缘或其他缺陷等薄弱部位破坏下去的各种可能的组合之中。这样一来，就使得驱使材料(或结构)发生破坏的能量将总是在裂纹尖端、孔洞、角缘或其他缺陷等薄弱部位处聚集，从而导致了应力集中现象的出现。

综上，可以看出，应力集中现象实际上是材料(或结构)的破坏过程应受到最小耗能原理规范的必然结果。鉴于应力集中现象同时也是材料(或结构)发生破坏的关键和核心，因此把最小耗能原理作为研究材料破坏理论的基础，显然也应该是一件十分自然和可以接受的事情。

由于以上"再认识"是启发作者建立基于最小耗能原理的岩石破坏理论的根本原因，所以特作以上介绍。

1.5　岩爆研究现状

1.5.1　关于岩爆的定义

文献[22]指出：到目前为止，学者们对岩爆的定义还处于百家争鸣状态，难以形成统一的认识。一般认为，岩爆是处于高局部应力下的岩体因岩石碎化、弹射、发射甚至地震等破坏而造成的弹性变形能突然释放的现象。学术界普遍接受两种观点：一种观点以挪威岩爆专家 B.F.Russenes 为代表，他认为只要岩体破坏时有响声，并伴随片帮、爆裂、剥落甚至弹射现象，并有新鲜破裂面形成即可称为岩爆。另一种观点以谭以安教授为代表，他认为破坏岩体产生弹射、抛掷性的破坏(弹射速度大于 3m/s)才能称为岩爆。W.D.Ortlepp 认为，岩爆是给土木工程和采场工作面、井巷洞室等地下巷道造成猛烈严重破坏的因应变能突然释放而导致岩体瞬间运动的微震事件。加拿大专家则将岩爆定义为伴随地震发生并以突然或猛烈声发射方式对地下开挖结构的破坏现象。

文献[23]认为：岩爆现象是在硬脆完整岩体内，由于洞室埋深大或地壳运动可能使岩体中的应变能大量聚集而形成很大的初应力，在施工开挖过程中聚集在岩体中的应变能突然释放，伴有巨大的响声，多有岩片飞出。

文献[24]认为：岩爆是高地应力条件下、地下洞室开挖过程中因开挖卸荷引起洞室周边围岩产生应力分异作用，储存于硬脆性围岩中的弹性应变能突然释放且产生爆裂松脱、剥离、弹射甚至抛掷性等破坏现象的一种动力失稳地质灾害。

文献[25]指出：虽然国内文献中关于岩爆的机制、定义众说纷纭，不尽一致，但是国际上研究岩爆的权威学者关于岩爆的定义是基本相同的，即①岩爆是突然的岩石破坏，其特征是岩石的破碎和从围岩中突出并伴随着能量的猛烈释放；②开挖一个新地下孔洞或者改变一个已有孔洞造成围岩中的应力变化，这些应力变化能导致孔洞附近岩体的破坏或者诱发已有断裂的滑移。第一类岩爆定义为已有断裂的滑移，第二类岩爆定义为一定体积的岩石的脆性破坏。

1.5.2　发生岩爆的条件

文献[25]指出：岩爆是一种物理现象，所以其定义是对现象的描述。由于对岩爆现象的描述并不完全一致，因此才造成上述岩爆定义的众说纷纭、不尽一致的状态。但从上述各种定义中还是可以找到如下共同之处，即岩爆实际上是由于采矿或地下工程开挖扰动、卸载，引起围岩应力变化所导致的突然破坏，并伴随着像发生爆炸一样的能量猛烈释放的一种动力失稳现象。可以认为，开挖扰动是引发岩爆的必要条件，未经开挖扰动的地层和岩体中稳定的天然洞穴是不会发生岩爆的；其次，开挖扰动必然导致因开挖形成的洞壁自由面卸载和引起围岩的应力发生变化，并且这种卸载和应力发生变化要能够造成部分围岩的破坏；另外，在围岩破坏时，还要能够发生能量的猛烈释放。以上三点其实就是发生岩爆的条件，即只有当上述三个条件并存时，才能认为发生了岩爆。

1.5.3　岩爆机理研究现状

所谓岩爆机理，是指对岩爆现象的理论解释。岩爆是一种非常复杂的地质灾害现象，造成岩爆的原因众多，影响复杂，是岩石力学中公认的世界性难题。目前国内外学者已从强度、刚度、能量、稳定、断裂、损伤、分形和突变及冲击倾向等方面对岩爆机理进行了研究，虽成果丰硕，但至今尚未达成共识，并都还停留在定性解释阶段。文献[26]对岩爆机理研究情况做了较为完整的综述，现略加选择和补充介绍如下。

(1) 强度理论。早期的强度理论着眼于岩体的破坏原因，认为地下井巷和采场周围产生应力集中，当应力集中的程度达到矿石强度极限时，岩层发生突然破坏，发生岩爆。近代强度理论则有多种表达式，对于各向同性岩石材料的破坏准则，最有代表性的是 Hoek 和 Brown 于 1980 年提出的经验性强度准则[13]：

$$\frac{\sigma_1}{\sigma_c} = \frac{\sigma_3}{\sigma_c}\left(m\frac{\sigma_3}{\sigma_c} + 1.0\right)^{0.5}$$

式中，σ_1 为最大主应力；σ_3 为最小主应力；σ_c 为完整岩石材料的单轴抗压强度；常数 m 取决于岩石性质和承受破坏应力前已破坏的程度。该准则认为，当满足上述条件时，岩石将发生破坏。

然而实际情况是在井巷与采场的围岩和矿体中，局部应力超过长期强度的情况经常出现，但并不总是发生岩爆。可见代表某点的单元发生破坏并不一定会引发岩爆。这表明强度准则虽然是一种确定性准则，但它并不能合理地解释岩爆现象。

(2) 能量理论。Cook 等[27]在 20 世纪 60 年代提出的岩爆能量理论指出：当围岩体系在其力学平衡状态受到破坏时所释放的能量大于所消耗的能量时，就会发生岩爆。随后国际上相继出现了各种不同的能量理论，20 世纪 70 年代 G.Brauner等提出了能量率理论[28]

$$\alpha\left(\frac{dE_R}{dt}\right) + \beta\left(\frac{dE_E}{dt}\right) > \frac{dE_D}{dt}$$

式中，α 为围岩能量释放有效系数；β 为矿体能量释放有效系数；E_R 为围岩所储存的能量；E_E 为矿体储存的能量；E_D 为消耗于矿体和围岩交界处矿体破坏阻力的能量。该理论从能量的角度解释了岩爆的破坏机理。另外，文献[29]研究了能量形式的断层失稳准则，文献[30]进一步提出了类似的岩爆失稳理论，文献[31]也从岩石全应力-应变曲线的角度提出了岩爆的能量指标。

现有能量理论的缺点是：缺乏量化指标，难以在实际中确定与岩爆破裂岩体相关的围岩范围，从而难以计算参与岩爆破坏的能量，较难用于实际岩爆预测。

(3) 刚度理论。20 世纪 60 年代中期，Cook 等[32,33]发现，用普通压力机进行单轴压缩实验时猛烈破坏的岩石试件，若改用刚性试验机实验，则破坏平稳发生而不猛烈。他们认为试件产生猛烈破坏的原因是试件的刚度大于试验机(即加载系统)的刚度，并据此提出了刚度理论。该理论认为：矿山结构(矿体)的刚度大于矿山负荷(围岩)的刚度是产生岩爆的必要条件。

刚度理论简单、直观，但要广泛用于实践则存在着明显的不足。其问题是矿山结构与矿山负荷系统的划分及其刚度的概念并不十分明确，因此用它也难以十分清晰地揭示岩爆发生的机理。

(4) 失稳理论：失稳理论是将围岩看成一个力学系统，将岩爆当作围岩组成的力学系统的动力失稳过程。岩石在已具备大量弹性应变能及峰值强度以后处于非稳定的平衡状态，在干扰性因素(如洞室开挖、地震、围岩振动等)的影响下，岩石会失稳。因此，可将稳定性理论应用于岩爆分析，而干扰性因素则是形成岩爆的触发因素。

众所周知，就像将失稳理论用于研究地震及河型转化一样，这同样也是一个尚未解决的难题。

(5) 断裂、损伤理论：断裂力学和损伤力学的发展，对经典连续介质力学产生了巨大的影响，运用断裂力学和损伤力学分析岩石的强度，可以比较实际地评价岩体的开裂和失稳。将断裂理论结合失稳理论，可得到失稳破坏的条件

$$R - G < 0$$

其中，R 为裂缝扩展面积上消耗的能量率；G 为裂缝尖端的弹性能释放率。损伤理论是通过建立岩石材料的损伤本构模型，把岩石的破坏过程看成岩石损伤积累过程。若损伤持续积累，就可能产生应变软化现象，从而导致岩石储存应变能的能力降低，出现弹性应变能的释放，如多余能量向外部传递就会引起岩爆。

显然这是一条值得深入研究的探索岩爆机理的途径，但这也必然会涉及本书1.1 节所述的目前尚未解决的宏、细、微观相结合的难题。

(6) 分形理论：尽管岩爆所经历的物理过程相当复杂，但数学上它仅是一个分形集聚几何过程。远在岩爆发生之前，微震事件几乎均匀地分布在高应力区，对应着高的分形维数值；接近岩爆发生时，微震事件集聚式地发生，对应较低的分形维数。这就是岩爆的分形几何机理。

(7) 突变理论：所谓突变是指从一种稳定状态跳跃式地转变到另一种稳定状态，或者说在系统演化中某些变量的逐渐变化导致系统状态的突然变化。突变理论的一个显著优点是，即使在不知道系统有哪些微分方程，更不用说如何解这些微分方程的条件下，仅在少数几个假设的基础上，用少数几个控制变量便可预测系统的诸多定性或定量性态。文献[34]利用尖点突变理论对柱式岩爆进行了研究。文献[35]用突变理论预测巷道岩爆发生的可能性。岩体破坏过程中的声发射参数含有大量岩体状态信息，突变理论可以更好地利用这些信息预测岩爆。

从已发表的资料看，分形理论和突变理论现在也只能被认为是研究岩爆问题的两种值得深入探索的理论，因为它们距真正解决岩爆预测、预报的目标还十分遥远。

(8)冲击倾向理论：冲击倾向是指围岩积聚能量并产生冲击破坏的能力，这种能力是围岩介质本身的固有属性。对此，国内外学者进行了大量的试验研究，以寻求一种或者一组指标来度量围岩是否发生岩爆及其大小、强弱程度，并给出了发生岩爆的判据，即岩体的实际冲击倾向度大于所给定的极限值。这就是冲击倾向理论。衡量岩爆冲击倾向的指标很多，但冲击倾向指标的离散性较大，通常只用作岩爆支护设计中的参考，而不能作为岩爆是否发生的判据。

1.5.4　岩爆判据研究现状

岩爆判据是预测和判断是否发生岩爆的根据。由于造成岩爆的原因众多，影响复杂，因此虽然目前国内外的学者已从不同的角度提出了多种假设和判据，但这些判据都还不是确定性判据，而仅是一些倾向性判据，即它们仅是只能判断发生岩爆倾向及其程度大小的判据。文献[23]较全面地对这些判据进行了综述，现略加选择和补充介绍如下：

(1)Russense 判据：

$$
\begin{cases}
\dfrac{\sigma_\theta}{\sigma_c} < 0.2 & \text{（无岩爆）} \\[2mm]
0.20 \leqslant \dfrac{\sigma_\theta}{\sigma_c} < 0.30 & \text{（弱岩爆）} \\[2mm]
0.30 \leqslant \dfrac{\sigma_\theta}{\sigma_c} < 0.55 & \text{（中岩爆）} \\[2mm]
\dfrac{\sigma_\theta}{\sigma_c} \geqslant 0.55 & \text{（强岩爆）}
\end{cases}
$$

其中，σ_θ 为各处洞壁围岩的最大切向应力；σ_c 为岩石的单轴抗压强度。

(2)E.Hoek 判据：

$$
\frac{\sigma_{\max}}{\sigma_c} =
\begin{cases}
0.34 & \text{（少量片帮、I级）} \\
0.42 & \text{（严重片帮、II级）} \\
0.56 & \text{（需重型支护、III级）} \\
> 0.70 & \text{（严重岩爆、IV级）}
\end{cases}
$$

其中，$\sigma_{\max}$ 为隧洞断面最大切向应力；σ_c 的含义同前。

(3) Turchaninov 判据：

$$\begin{cases} (\sigma_\theta + \sigma_L)/\sigma_c \leqslant 0.3 & (无岩爆) \\ 0.3 < (\sigma_\theta + \sigma_L)/\sigma_c \leqslant 0.5 & (可能有岩爆) \\ 0.5 < (\sigma_\theta + \sigma_L)/\sigma_c \leqslant 0.8 & (肯定有岩爆) \\ (\sigma_\theta + \sigma_L)/\sigma_c > 0.8 & (有严重岩爆) \end{cases}$$

其中，σ_θ、σ_c 的含意同前；σ_L 为轴向应力。

(4) Kidybinski 判据：设 W_{et} 为试块的弹性应变能 ϕ_{sp} 与耗损应变能 ϕ_{st} 之比，即 $W_{et} = \phi_{sp}/\phi_{st}$，其中 ϕ_{sp} 和 ϕ_{st} 可通过岩石试件的单轴抗压试验求出，即先将试件加载到峰值强度的 70%～80%，然后卸载，于是可得到加、卸载情况下的应力-应变曲线，由此曲线下的面积即可确定 ϕ_{sp} 及 ϕ_{st}。其判据为

$$\begin{cases} W_{et} \geqslant 5 & (强烈岩爆) \\ W_{et} = 2.0\sim4.9 & (中等岩爆) \\ W_{et} < 2.0 & (无岩爆) \end{cases}$$

(5) 秦岭隧道判据：认为只要同时满足条件

$$\begin{cases} \sigma_c \geqslant 15\sigma_t \\ W_{et} \geqslant 2.0 \\ \sigma_\theta \geqslant 0.3\sigma_c \\ K_V \geqslant 0.55 \end{cases}$$

就会发生岩爆，其中 σ_c、W_{et}、σ_θ 的含意同前，σ_t 为单轴抗拉强度，K_V 为岩体完整性系数。

(6) 强度脆性系数判据[36,37]：

$$\begin{cases} \sigma_c/\sigma_t \leqslant 10 & (无岩爆) \\ \sigma_c/\sigma_t = 10\sim18 & (中等岩爆) \\ \sigma_c/\sigma_t > 18 & (强岩爆) \end{cases}$$

其中，σ_c、σ_t 的含意同前。

(7) 二郎山公路隧道判据：

$$\begin{cases} \sigma_\theta/R_c < 0.3 & (无岩爆活动) \\ \sigma_\theta/R_c = 0.3\sim0.5 & (轻微岩爆活动) \\ \sigma_\theta/R_c = 0.5\sim0.7 & (中等岩爆活动) \\ \sigma_\theta/R_c > 0.7 & (强烈岩爆活动) \end{cases}$$

其中，σ_θ 要通过应力恢复测试法测定并按 $\sigma_\theta = FS_p a/(LH)$ 计算，S_p 为点荷载仪千斤顶活塞面积(取 15.5cm^2)，a 为等效系数(取 1.324)，L 为受力垫片的弦长(取 3.3cm)，H 为岩芯试样长度(cm)，F 为洞壁浅表层钻孔岩芯应变恢复时点荷载仪压力表读数(MPa)；R_c 通过岩石点荷载强度 I_s 求出，计算公式为：$R_c = 22I_s$。

(8)侯发亮临界深度判据：$H_{cr} = 0.318(1 - \mu)\sigma_c (3 - 4\mu)\gamma$。其中 H_{cr} 为发生岩爆的临界深度，μ 为岩石泊松比，γ 为岩石容重，σ_c 的含意同前。

需要指出的是：H_{cr} 并非岩爆发生的唯一条件，在某些小于 H_{cr}，但构造应力尤其是水平构造应力较高的地区也会发生岩爆。因此，该判据只适用于地应力主要由岩体自重产生的岩爆，不适用于伴有构造应力场的地应力引发的岩爆。

虽然以上这些岩爆判据现已被广泛应用，但却没有一种被证明是可靠的(预报准确率不足 60%)，很成功的例子几乎没有。

1.5.5　关于现场实验预测、预报岩爆问题的研究现状

（1）理论预测法[22]：迄今为止，对岩爆趋势预测已有多种方法，但以理论预测方法最为常用。理论预测法的本质，是在对工程现场岩石取样分析的基础上，利用已建立的判据(例如 1.5.4 节所介绍的各种判据)来预测岩爆，然而这些判据均以岩石单轴压、拉试验为基本手段来获取相应的判据指标，虽然能在一定程度上反映某些因素对岩爆的影响，并达到低成本预测岩爆的目的，但这并不能完全反映高地应力区岩体的真实强度。同时，这些方法只能反映取试样点的应力情况，而不能从整体应力场的应力变化情况对施工进行有效的指导。已如前述，尽管目前这些判据已被广泛采用，但没有一种判据被证明是可靠的，很成功的例子几乎没有。

（2）微震及声发射现场监测预报现状[38]：在外力作用下，岩体局部会产生能量的释放，并伴有弹性波或应力波的出现。对于尺度较大的岩体，这种弹性波或应力波被称为微震，对于小尺度的岩样而言则称为声发射。二者只有能量和频率方面的差异，并没有明确的分类界限。微震和声发射实质上是岩体性能劣化过程中能量释放的体现。

国内外的研究资料表明，岩体在破坏之前必然会以弹性波或应力波的形式，在一段时间内持续地释放能量，并且释放能量的强度随着结构临近失稳而变化，每一个声发射或微震都包含着岩体内部状态变化的丰富信息，对接收到的声发射或微震信号进行分析，即可作为现场监测预报岩爆的依据。

虽然这种监测预报方法现在国内外都被认为是一种有前途的监测预报岩爆的重要手段，并正在付诸实践，但由于目前对岩爆发生机理的研究还不够深入，因

此这种监测预报岩爆的方法也存在着大量的预报不准确现象。

1.5.6 岩爆控制系统研究现状[22]

通过具有针对性的开采，并采用适当的开挖方式和顺序，可降低发生岩爆的风险。然而，由于岩石性质、边界条件及初始条件的多样性和不确定性，工程设计、模型计算及微震监测必将以有效的支护措施为基础。但这并不代表适当的开采措施与微震监测的结合不重要，而是用来强调在岩爆突发区域支护系统的重要性，以确保有一个安全的工作环境。除了这个原因，对于深部矿山的开采和深埋隧洞的设计而言，支护系统也是必不可少的。

Kaiser 等[39]总结了支护系统的重要功能：加固、挡护、稳固。支护的目的是消除、削弱岩爆发生，减少围岩体破裂，避免岩块抛射、剥落，进而增强围岩的稳定性，从而为施工提供一个安全的环境。文献[38]通过收集、总结分析大量资料和经验，研究了各种因素和支护形式之间的关系，并指出我国矿山巷道通常用的支护大体分为锚喷支护、刚性支护、可缩性支护三类。但因围岩的支护机理极其复杂，所以迄今为止仍没有一套完整的模型能够完美地解释围岩与支护系统之间的相互作用。

综上可见，虽然国内外的众多学者对岩爆现象已从多方面进行了广泛和大量的研究，并提出了不少预测、预报岩爆现象的方法和理论，但已如前述，迄今为止还没有一种方法被证明是可靠的，很成功的例子几乎没有。这足以说明岩爆问题依然还是当前岩石力学中的一个世界性难题。这就是岩爆问题的研究现状。

1.6 本书的主要内容及创新点

岩爆机理是岩爆研究的关键，正确完备的岩爆机理必须能够对引发岩爆的原因和伴随岩爆出现的各种不同现象作出令人满意的定量性的合理解释。本书将重点讨论岩爆机理问题。由本书 1.5.2 节知，因开挖形成的洞壁自由面被卸载(即作用在原自由面上的正应力和剪应力被完全解除)和同时引起的围岩应力变化，再加上持续的开挖扰动，造成部分围岩发生破坏，并因此而引发岩体所储存的弹性应变能猛烈释放，从而形成岩爆。这是目前学术界关于岩爆问题已达成的共识。本书将从这些共识出发来讨论岩爆的机理问题。

贯穿本书的一个基本观点是：任何材料或结构的破坏(包括引发岩爆的围岩破坏或断裂滑移)，都需要消耗能量，因此任何材料或结构的破坏都应受到最小耗能原理的规范，即任何材料或结构的破坏耗能过程都将在与其相应的约束条件下以最小耗能的方式发生和进行。也就是说，任何材料或结构的破坏都是以其最容易破坏(即耗能最小)的方式发生和进行的。

本书第1章为绪论。第2章"最小耗能原理"，系统地介绍了本书的理论基础——最小耗能原理。第3章"基于最小耗能原理的岩石破坏理论"，介绍了如何根据最小耗能原理导出材料破坏准则的基本思路，并在假设岩石为各向同性、线弹性且拉、压强度不等材料的条件下，具体导出了与上述假设条件相应的岩石破坏准则，并对其正确性进行了验证。该准则表明：①它的物理意义其实就是一个促使岩石发生破坏所需消耗能量的临界值表达式。②岩石中因荷载作用而储存的总弹性应变能与促使岩石发生破坏所需消耗的能量并不是一回事，并且后者仅是前者的某些特定部分。③由该准则可以证明，促使岩石发生破坏所需消耗的能量的临界值是一材料常数。无论岩石处于何种应力状态下，促使岩石发生破坏真正需要消耗的能量(即临界值)总是等于该种岩石在单轴受力状态下发生破坏所需消耗的能量。④该准则表明，由于在三向受压且临近破坏时，岩石中因荷载作用而蓄积的总弹性应变能将远大于促使岩石发生破坏所需消耗的能量(即临界值)，因此当岩石发生破坏时(即满足该准则时)，岩石中蓄积的总弹性应变能也必将远大于促使岩石破坏所需消耗的能量(即临界值)，二者之差(即总弹性应变能在扣除岩石发生破坏所需消耗能量(即临界值)之后的剩余部分)，将在岩石发生破坏时以动能的形式释放，这些以动能形式释放的能量就成了岩爆发生时猛烈释放能量中的重要组成部分。⑤该准则还表明，在初始应力状态下没有发生破坏的岩石，有可能在卸载和因卸载而引起的应力变化情况下发生破坏。本书第3章把以上根据最小耗能原理导出的岩石破坏准则及该准则的上述内涵统称为基于最小耗能原理的岩石破坏理论。如本书1.2节所述，现有的岩石强度准则或者是根据观察岩石破坏实验结果提出的不同假设，或者实际上就是通过拟合试验结果得到的一些不同的经验公式。而本书第3章建立的岩石破坏准则，则是从一个自然界的普适性原理——最小耗能原理出发，经严格推演导出的准则，并且它还具有如前所述的内涵，这就是本书将其称为"理论"的原因。第4章"岩爆机理探索"，首先在认为岩石可视为各向同性、线弹性且拉、压强度不等材料的条件下，对岩爆现象进行了定量性的理论解释，即①提出了关于如何定量计算初始地应力及其与开挖扰动引起的卸载及应力重分布二者的"组合应力状态"的应力分析理论；②在①中所获应力分析结果的基础上，根据基于最小耗能原理的岩石破坏准则，可以定量地确定开挖掘进的巷道或者洞室是否发生破坏以及会在一个多大区域内发生破坏；③根据②的定量分析结果及基于最小耗能原理的岩石破坏理论，即可定量地确定由于开挖掘进引起的破坏在围岩的破坏区及非破坏区分别会释放出多少能量，于是据此即可定量性地判定是否会因开挖掘进引发岩爆。其次，针对岩体是各向异性、非线性、黏、弹、塑性的最一般情况，提出了应如何建立与之相应的、基于最小耗能原理的岩石破坏准则的方法，并对其进行了具体的分析和讨论，从而为研究定量地确定在各向异性、非线性、黏、弹、塑性的、最具一般性岩体中开挖掘进巷道或洞室是否会引发岩爆以及会引发何等强度的岩爆提供了可能。另外，还根据最小耗能原理导出了研究滑移型岩爆问题的判据，以及在满足该判据之后因"滑移"可能会释放多少能量的计算公式，从而也为定量研究滑移型岩爆提供了可能。最后，对文献[40]中提出的、基于最小耗能原理的岩石整体破坏准则以及它也可能被用于岩爆机理的定量性探索等情况作了简要介绍，并对开挖掘进形成的巷道在间隔一段时间之后才发生的岩爆机理进行了探索。第 5 章"根据基于最小耗能原理的岩石破坏理论预测岩爆"，首先介绍了根据基于最小耗能原理的岩石破坏理论预测岩爆的思路和步骤，然后分别介绍了预测在什么情况下进行的巷道或洞室开挖肯定不会引发岩爆或会引发岩爆的方法，并举例进行说明。

综上可见，本书的创新点主要体现在第 3～5 章所述的内容之中，因为除了本书之外，尚未发现其他文献对此作出过如此明确和系统的论述。

参 考 文 献

[1] 董毓利. 砼非线性力学基础. 北京：中国建筑工业出版社，1997.

[2] 过镇海. 砼的强度和变形试验基础和本构关系. 北京：清华大学出版社，1997.

[3] Che W F. Plasticity in Reinforced Concrete. New York：Mc Graw-Hill Book Company，1982.

[4] Ottosen N S. A failure criterion for concrete. ASCE，1977，103（EM4）：527-535.

[5] Kotsovos M D. A mathematical description of the strength properties of concrete under generalized stress. Magazine of Concrete Research，1979，31(108)：151-158.

[6] Podgorski J. General failure criterion for isotropic media. Proceeding of ASCE，1985，111(EM2)：188-201.

[7] 过镇海，王传志. 多轴应力下砼的强度和破坏准则研究. 土木工程学报，1991，3：1-14.

[8] 宋玉普，赵国藩、彭放，等. 多轴应力下多种砼材料的通用破坏准则. 土木工程学报，1996，1：25-32.

[9] 钱在兹，钱春. 砼在复杂受力状态下的统一强度准则. 土木工程学报，1996，2：46-55.

[10] 俞茂宏. 强度理论新体系. 西安：西安交通大学出版社，1992.

[11] 徐积善. 强度理论及其应用. 北京：水利电力出版社，1984.

[12] 清华大学抗震抗爆工程研究室. 砼力学性能的试验研究. 科学研究报告集第 6 集. 北京：清华大学出版社，1996.

[13] Brady B H G, Brown E T. 地下采矿岩石力学. 冯树仁等译. 北京：煤炭工业出版社，1990.

[14] 周筑宝. 最小耗能原理及其应用. 北京：科学出版社，2001.

[15] 周筑宝，唐松花. 功耗率最小与工程力学中的各类变分原理. 北京：科学出版社，2007.

[16] 周筑宝，唐松花. 最小耗能原理及其应用(增订版). 长沙：湖南科学技术出版社，2012.

[17] 李如生. 非平衡态热力学和耗散结构. 北京：清华大学出版社，1986.

[18] 湛垦华，沈小峰，等. 普利高津与耗散结构理论. 西安：陕西科学技术出版社，1983.

[19] 德格鲁脱，梅休尔. 非平衡态热力学. 上海：上海科学技术出版社，1983.

[20] 费洛宁柯-鲍罗第契 M M. 力学强度理论. 奚绍中译. 北京：人民教育出版社，1963.

[21] 皮萨林科 Γ C ，列别捷夫 A A. 复杂应力状态下的材料变形与强度. 北京：科学出版社，1983.

[22] 马天辉，唐春安，蔡明. 岩爆分析、监测与控制. 大连：大连理工大学出版社，2014.

[23] 张镜剑，傅冰骏. 岩爆及其判据和防治. 岩石力学与工程学报，2008，27(10)：2034-2042.

[24] 徐林生，王兰生，李永林. 岩爆形成机制与判据研究. 岩土力学，2002，23(3)：300-303.

[25] 钱七虎. 岩爆、冲击地压的定义、机制、分类及其定量预测模型. 岩土力学，2014，35(1)：1-6.

[26] 郭雷，李夕兵，岩小明. 岩爆研究进展及发展趋势. 采矿技术，2006，6(1)：16-20.

[27] Cook N G W, Hoek E, Pretorius J P G. Rock Mechanics applied to the study of rock bursts. J. S. Afr. Inat. Min. Metall，1965，66：435-528.

[28] 吴祥彬，献彪，孙海，等. 用钻屑法监测巷道围岩冲击危险性. 矿山压力与顶板管理，1998，(1)：73-76.

[29] 殷有泉，郑顾团. 断层地震的尖点突变模型. 地球物理学报，1988，38(6)：657-663.

[30] 章梦涛. 冲击地压失稳理论与数值模拟计算. 岩石力学与工程学报，1987，(3)：197-204.

[31] 唐宝庆. 回归分析法在建立岩爆数学模型上的应用. 数学理论及应用，2003，(6)：37-42.

[32] Cook N G W. The failure of rock. Int. J. Rock Mech. Min. Sci.，1965，2 (4)：389-403.

[33] 耶格 J C，库克 N G W. 岩石力学基础. 中国科学院工程力学研究所译. 北京：科学出版社，1983.

[34] 徐曾和，徐小荷. 柱式开采岩爆发生条件与时间效应的尖点突变. 中国有色金属学报，1997，7(2)：17-23.

[35] 单晓云，徐东强，张艳博. 用突变理论预报巷道岩爆发生的可能性. 矿山测量，2000，(4)：36-37.

[36] 李庶林，冯夏庭，王泳嘉. 深井硬岩岩爆倾向性评价. 东北大学学报，2001，22(1)：60-63.

[37] 陆家佑. 岩爆预测的理论与实践. 煤矿开采，1998，32(3)：26-29.

[38] 冯夏庭，陈炳瑞，张传庆，等. 岩爆孕育过程的机制、预警与动态调控. 北京：科学出版社，2013.

[39] Kaiser P K，Tannant D D，McCreath D R. Canadian Rockburst Support Handbook. Sudbury：Geomechanics Research Centre，Laurentian University，1996.

[40] 周筑宝，唐松花. 基于最小耗能原理的地震预测、预报理论. 北京：科学出版社，2015.

第2章　最小耗能原理

由于最小耗能原理是本书的理论基础，故对其作如下介绍。

2.1　大自然的节约法则

稻秆和麦秆等都是空心的，其奥妙在于用最少的材料可取得最稳固的结构。许多果实及单细胞藻类植物都是呈圆球形，这是因为建造球形容器耗费的材料最少而容积最大。另外，据测定在35℃时水的比热最小，这意味着人的体温为35℃时，为保持体温恒定所需吸收和放出的热量最小，即人体总是在耗能最小的情况下保持着自身体温的恒定。所有这些在有生命体中发生的奇妙现象，都曾被认为是在生物进化过程中经过"适者生存"这一自然法则长期选择的结果，并被称为大自然的节约法则。有趣的是，类似的节约法则在无生命的耗能过程中也普遍存在。例如，风、雨、水流侵蚀山崖、土体形成新的地貌时，总是遵循"欺软怕硬"的"省力"方式进行。又如驱动物体破坏的能量，总是在物体的薄弱部位(如裂纹尖端、孔洞、缺陷等)聚集，从而导致著名的应力集中以及一些金属总是在薄弱部位特别容易被锈蚀等奇妙现象的出现。再如，液滴总试图保持最小表面以维持最小表面能……显然，对这些无生命耗能过程中依然存在的奇妙现象，是不能用"适者生存"的自然法则来解释的。本章将对此问题进行深入的探讨。

2.2　最小能耗原理和最小能耗率原理

100多年前，Helmholtz提出了在恒力作用下黏性液体稳定运动能量耗散的"一般性理论"。他认为：在运动方程中惯性项可以忽略并满足连续性方程和运动方程的条件下，对于单值势的恒力作用下的不可压缩蠕流(creeping flow)运动，其任何区域内的能量耗散将比具有同样边界条件下的其他流动要小。后来这个"一般性理论"被称为最小能耗原理。由于Helmholtz并未给出这个"原理"的严谨证明，所以在很长一段时间里它都被看作是一种"原则"或假设。随着研究的深入，以后这个"一般性理论"又被更一般地表述为：当一个封闭的耗散系统处于动态平衡情况时，其能耗率应为最小值，该值取决于施加给系统的约束。此结论又被称为最小能耗率原理。后来发现，1945 年由诺贝尔奖获得者 Prigogine 确立的线性非平衡态热力学中的最小熵产生原理，其实已为上述最小能耗率原理奠定了理论基础，因为它实际上可以看作是最小能耗率原理的另一种表述形式[1-4]。上述两个原理在作者以前的论著中曾被统称为"现有的最小耗能原理"。

2.3   最小能耗率原理和最小能耗原理的局限性

由于耗能现象是最基本的自然现象之一，它普遍存在于包括物理学、化学、力学、生命科学、工程科学等一系列学科领域中，因此按道理最小能耗率原理和最小能耗原理也应像热力学第一、第二定律一样，属于自然界基本规律之列。但是因 Prigogine 的最小熵产生原理具有很大的局限性，它只适用于平衡态附近线性区的稳定态(即动态平衡情况)，所以最小能耗率原理也只能在同样严格的限制条件下才成立。即只有边界条件恒定的系统，在平衡态附近的线性区达到稳定态时，才有耗能率最小的结论。至于 Helmholtz 的最小能耗原理，除了不具一般性和缺乏严谨的证明之外，其"在运动方程中惯性项可以忽略"的限制亦意味着它只适用于稳定态。显然，在这样严格限制之下的、不具普适性的上述最小能耗率原理和最小能耗原理，是不可能成为自然界的基本规律的。多年来人们都期盼着能拓展 Prigogine 的最小熵产生原理(实际上也就是拓展相对而言更成熟一些的最小能耗率原理)的适用范围，但均无突破。Prigogine 甚至认为，将他确立的最小熵产生原理推广到远离平衡态的非线性区中的稳定态都是不可能的[5, 6]。鉴于 Prigogine 的权威性，他的这一令人沮丧的观点也成了目前非平衡态热力学中的基本观点[7, 8]。

2.4   为什么许多学者会热衷于从事拓展最小熵产生原理适用范围的研究

众多学者热衷于拓展最小熵产生原理适用范围的研究，是因为根据它可以针对任何有关能量传输和转换中的自由能耗散现象(即耗能现象)建立起与之相应的条件极值或条件变分方程，而求解这些方程就能使许多与耗能现象有关的问题获得定量解决。可以设想，如果在非线性非平衡态热力学过程中的任意时刻都有类似于 Prigogine 的最小熵产生原理成立，那么就可以在任何热力学系统的任何耗能过程中的任意瞬时，建立起相应的、有关耗能现象的条件极值或条件变分方程，从而将定量解决问题的范围从平衡态附近线性区中的稳定态推广到非线性非平衡态热力学过程中的任意瞬时。由于系统在过程中的任意瞬时通常都不是稳定态，因此系统边界条件恒定的限制也可去掉(因为边界条件恒定仅是为使系统达到稳定态所设置的限制性条件)。显然，这是一个十分诱人的目标和令人神往的前景。

2.5　新最小熵产生原理(即最小耗能原理)

文献[9]～[11]在引入"瞬时定态"概念并采用"缩小寻找系统熵产生最小值范围"的方法后，提出并证明了一个适用于非线性非平衡态热力学过程中的任一瞬时的新最小熵产生原理(或称最小耗能原理)。这个新原理可表述为："在非线性非平衡态热力学系统中发生的任何耗能过程，都将在与其相应的约束条件下以最小耗能的方式进行"。其中所谓"耗能"，是指具有方向性(即不可逆)的能量转换或传输；其中所谓的"相应的约束条件"，是指过程中的热力学流和热力学力所应满足的控制方程和定解条件；其中所谓的"以最小耗能的方式进行"，是指在过程中的任意瞬时，系统的耗能率都取当时所有可能耗能率中的最小值(这里所谓"可能耗能率"，是指由只满足部分"相应的约束条件"的热力学流和热力学力所得到的耗能率)。因为在整个耗能过程的每一瞬时，系统的耗能率都取当时所有可能耗能率中的最小值，所以整个耗能过程的总耗能也应取所有可能总耗能中的最小值。因此"以最小耗能的方式进行"，实际上还蕴含着"任何耗能过程总是在相应的约束条件下力图使整个过程的总耗能取最小值"的内容。也就是说，任何耗能过程都具有可在不受"边界条件恒定"和"平衡态附近线性区"两个条件限制的情况下，通过"调整""相应约束条件"中的各种可能"调整"的参数，而力图使该过程的总耗能(而不是耗能率)取最小值的发展趋势。也正因如此，这个新原理才去掉了"率"字，而被重新命名为最小耗能原理，同时为了显示与现有理论在名称上的区别，特将中文名中的"能耗"改为"耗能"，并将英文名由 minimum energy consumption principle 改为 least energy consumption principle。而在作者以前的论著中，是把这个新原理称为"一个具有新内涵的最小耗能原理"或"新最小耗能原理"(有时也直称"最小耗能原理")以示与"现有的最小耗能原理"的区别。显然这个新原理(最小耗能原理)不仅具有普适性，而且还使本章 2.2 节所述的最小能耗原理和最小能耗率原理之间的差异(前者是说稳定运动的总耗能最小，而后者是说稳定态时的耗能率最小)得到了统一。根据这个新原理，既可针对任一非线性非平衡态热力学系统中发生的任何耗能过程中的任一瞬时，建立起以该瞬时耗能率表示的条件极值或条件变分方程，也可针对任一非线性非平衡态热力学系统中发生的任何耗能过程中的任一瞬时，建立起以该瞬时以前直至该瞬时所发生的总耗能表示的条件极值或条件变分方程。由于这个结论对有生命或无生命的耗能过程都同样成立，因此它不仅能用来解释无生命耗能过程中的种种奇妙现象，而且也揭示了有生命耗能过程中发生的各种奇妙现象的本质，从而将大自然的节约法则提升到理性认识的高度。下面给出该原理的证明过程并阐明它与 Prigogine 的最小熵产生原理(即最小能耗率原理)的区别。

2.5.1　一个简单动力学问题的启示

众所周知，现有力学理论中的最小势能原理只适用于静力学问题，在动力学中是没有最小势能原理的。但通过对下面一个简单动力学问题的分析，可以发现上述看似无懈可击的结论也还有值得商榷之处。考查一个受重力作用的小球，在由一光滑斜面和一光滑平面组成的单面约束下滚动时的势能情况。

(1)当小球在斜面上滚动时，它处于加速运动之中，并且边界条件(即小球与斜面接触点的高程)也处于变化之中，因此它的势能也处于变化之中。此时小球处于动能和势能都在变化的不稳定状态。

(2)当小球滚到平面上以后，由于已设斜面和平面均为光滑面，因此小球将做匀速直线运动，并且由于其边界条件已保持恒定(即滚动中的小球与平面接触点的高程保持不变)，所以其势能也保持不变。小球进入势能和动能均保持不变的稳定状态。

如果将考查的范围定为小球滚动的全过程，则显然只有当小球达到稳定状态(即滚到平面上)之后，它的势能才会达到最小值。这就是静力学中的最小势能原理。需要指出的是，上述最小势能原理中所说的"最小"，是指小球从斜面到平面滚动全过程中，单面约束(即斜面和平面)能够允许的所有可能势能值中的最小值。但是如果将考查范围定为小球在斜面上滚动过程的任意瞬时，则可发现虽然此时小球处于不稳定状态，其势能肯定比它达到稳定状态(即滚到平面时)的势能要大，但它却取当时(即该瞬时)单面约束(即斜面)允许的所有可能势能值中的最小值(因为当时单面约束所能允许的其他位置的高程都大于小球在斜面上当时所处位置的高程)。这表明，若把选取势能最小值的范围从小球滚动的全过程缩小至小球滚动全过程中的任意瞬时，则不管在该瞬时系统(小球)是否达到了稳定状态，其势能都一定是取当时所有可能值中的最小值。显然，以上结论可视为是适用于上述动力学过程中的任意瞬时的"瞬态最小势能原理"。它与稳态(即静力学)的最小势能原理的区别是：

（1）"瞬态最小势能原理"对应的所谓当时的最小势能要比稳定态最小势能原理对应的真的最小势能大（只有当小球滚到平面上之后它们才会相等）。

（2）稳定态最小势能原理对应的最小势能值所具有的稳定性，对"瞬态最小势能原理"而言，当小球在斜面上滚动时已不复存在。

综上，这个简单例题给我们的启示是：在非线性非平衡态热力学过程中的任意瞬时，是否也存在一个类似的"瞬态最小熵产生原理"呢？

2.5.2　在非线性非平衡态热力学过程中任意瞬时的热力学力与热力学流之间的关系

在非线性非平衡态热力学中，热力学力（以后简写为"力"）X_i 与热力学流（以后简写为"流"）$J_i(i=1,2,\cdots,n)$ 之间的关系，一般是非线性的。如果假定所研究的不可逆过程之间都存在着耦合关系，则有

$$\begin{cases} J_1 = J_1(X_1,\cdots,X_n) \\ \qquad\cdots\cdots \\ J_n = J_n(X_1,\cdots,X_n) \end{cases} \tag{2.1}$$

设 t 为上述热力学过程中的任意瞬时，并令 $X_i' = X_i(t), J_i' = J_i(t) = J_i(X_1',\cdots,X_n')$ $(i=1,2,\cdots,n)$，于是在 t 瞬时（2.1）式总可精确地表示为

$$\begin{cases} J_1' = l_{11}X_1' + \cdots + l_{1n}X_n' \\ \qquad\cdots\cdots \\ J_n' = l_{n1}X_1' + \cdots + l_{nn}X_n' \end{cases} \tag{2.2}$$

其中，$l_{ij}=l_{ji}\,(i,j=1,\cdots,n)$ 是与 t 有关的待定常数，并且（2.2）式系数矩阵的各阶主子式均大于零，即

$$l_{11}>0, \quad \begin{vmatrix} l_{11} & l_{12} \\ l_{12} & l_{22} \end{vmatrix}>0, \quad \cdots, \quad \begin{vmatrix} l_{11} & \cdots & l_{1n} \\ \vdots & & \vdots \\ l_{1n} & \cdots & l_{nn} \end{vmatrix}>0 \tag{2.3}$$

现对以上命题证明如下：因为（2.2）式实际上可以看作是一个关于 $n(n+1)/2$ 个待定常数 $l_{ij}(l_{ij}=l_{ji}$ 且 $i,j=1,2,\cdots,n)$ 的，由 n 个方程组成的多元一次线性代数方程组。（2.3）式则是关于 l_{ij} 的 n 个不等式。显然，当 $n \geqslant 3$ 时，方程和不等式的总数小于、最多等于（当 $n=3$ 时）待定常数的总数 $n(n+1)/2$。因此，当 $n \geqslant 3$ 时，总可以至少找到一组使得（2.2）、（2.3）两式都能得到满足的解答 l_{ij}。另外，由于不等式（2.3）的限制性远比以（2.2）式表示的方程"宽松"，因此当 $n<3$ 时，同样也可以至少找到一组使得（2.2）、（2.3）两式都能得到满足的答案 l_{ij}。例如当 $n=1$ 时，（2.2）、（2.3）

两式分别化为 $J' = lX'$ 及 $l > 0$，于是由第 1 式（即 $J' = lX'$）有 $l = \dfrac{J'}{X'}$。另外，由于"力"

与"流"符号相同，所以恒有 $l = \dfrac{J'}{X'} > 0$。当 $n=2$ 时，（2.2）、（2.3）两式分别化为

$$\begin{cases} J_1' = l_{11}X_1' + l_{12}X_2' \\ J_2' = l_{12}X_1' + l_{22}X_2' \end{cases} \tag{2.4a}$$

及

$$\begin{cases} l_{11} > 0 \\ \begin{vmatrix} l_{11} & l_{12} \\ l_{12} & l_{22} \end{vmatrix} = l_{11}l_{22} - l_{12}^2 > 0 \end{cases} \tag{2.5a}$$

先将 l_{11} 取为大于零的任一已知常数，则由（2.4a）之第 1 式有

$$l_{12} = \frac{1}{X_2'}(J_1' - X_1'l_{11}) \tag{2.4b}$$

将（2.4b）式代入（2.4a）之第 2 式可得

$$l_{22} = \frac{1}{X_2'}(J_2' - X_1'l_{12}) = \frac{1}{X_2'}\left[J_2' - \frac{X_1'}{X_2'}(J_1' - X_1'l_{11}) \right] \tag{2.4c}$$

将（2.4b）、（2.4c）两式代入（2.5a）之第 2 式可得

$$l_{11} > \frac{J_1'^2}{X_2'J_2' + X_1'J_1'} \tag{2.5b}$$

由（2.5b）式可见，只要在开始选取 l_{11} 时同时兼顾到既使 $l_{11}>0$ 又使（2.5b）式得到满足即可（显然这样的 l_{11} 不止一个）。在按上述方式取定 l_{11} 后，则可由（2.4b）、（2.4c）两式求得 l_{12} 和 l_{22}。

显然，在 t 瞬时满足（2.2）、（2.3）两式的 $l_{ij} = l_{ji}$ 被确定之后，则在 t 瞬时附近一个微小区间 $t \pm \mathrm{d}t$ 内（在此微小区间内 X_i、J_i 将分别在 $X_i(t \pm \mathrm{d}t) = X_i' \pm \mathrm{d}X_i'$ 和 $J_i(t \pm \mathrm{d}t) = J_i' \pm \mathrm{d}J_i'$ 区间取值，其中 $X_i' = X_i(t)$，$J_i' = J_i(t)$ 而 $i=1,2,\cdots,n$，总有

$$\begin{cases} J_1 = l_{11}X_1 + \cdots + l_{1n}X_n \\ \qquad \cdots\cdots \\ J_n = l_{1n}X_1 + \cdots + l_{nn}X_n \end{cases} \tag{2.6}$$

近似成立。这是因为只要 $\mathrm{d}t$ 足够小，则在 $t \pm \mathrm{d}t$ 区间内的由（2.1）式和（2.6）式给出的关于 J_i 的结果，总能在任意的精度要求下近似相等，而在 t 瞬时则精确相等。于是以上命题得证。

综上可得如下结论：在非线性非平衡态热力学过程中的任意瞬时 t 附近的一个微小区间 $t \pm \mathrm{d}t$ 内，非线性的"力""流"关系总可以近似地视为唯象系数 l_{ij} 为常数且满足 Onsager 倒易关系（即 $l_{ij}=l_{ji}$）和（2.3）式的线性唯象关系，并且在 t 瞬时

这种线性关系与真实的非线性关系之间并无差异。

2.5.3　Prigogine 的最小熵产生原理中所谓的最小熵产生究竟是在一个什么范围内的"最小"

Prigogine 的最小熵产生原理所需满足的限制条件[7, 8]为：

（1）"流"和"力"之间满足线性唯象关系；

（2）唯象系数满足 Onsager 倒易关系且为常数。在上述限制条件下，如果系统边界条件恒定，则可以证明该系统的熵产生 P 满足

$$\begin{cases} \dfrac{\mathrm{d}P}{\mathrm{d}t}=0 & \text{（在稳定态时）} \\ \dfrac{\mathrm{d}P}{\mathrm{d}t}<0 & \text{（在偏离稳定态时）} \end{cases} \tag{2.7}$$

考虑到因受热力学第二定律的限制应有 $P>0$（由文献[8]知这相当于要求满足（2.3）式），于是由（2.7）式可见，在所加限制条件下，当系统达到稳定态时（即 P 满足（2.7）式的第 1 式时）其熵产生 P 取稳定的最小值[8]。另外，由（2.7）式还可以看出这个"最小"指的是从恒定边界条件被给定之时起直到系统达到稳定态止的全过程范围内，系统的所有可能熵产生中的最小值。

2.5.4　另一个简单例子的启示

下面通过一个简单的例子来对最小熵产生原理的证明过程作进一步的分析。考虑一个包含有两种组分的系统，让系统两端维持一恒定温差。由于热扩散现象，这种温差会引起一浓度差。于是系统中同时有一个引起热导的"力"X_1 和一个引起扩散的"力"X_2 以及相应的热导流 J_1 和扩散流 J_2。于是熵产生[8]

$$P=J_1X_1+J_2X_2 \tag{2.8}$$

设"力"与"流"之间满足线性的唯象关系、唯象系数满足 Onsager 倒易关系且为常数，于是有

$$\begin{cases} J_1 = l_{11}X_1 + l_{12}X_2 \\ J_2 = l_{12}X_1 + l_{22}X_2 \end{cases} \tag{2.9}$$

将（2.9）式代入（2.8）式可得

$$P = l_{11}X_1^2 + 2l_{12}X_1X_2 + l_{22}X_2^2 \tag{2.10}$$

由于 X_1 是强加的恒定温差（即恒定的边界条件），并且 $l_{ij}(i, j=1, 2)$ 均为常数，所以有 $\dfrac{\mathrm{d}P}{\mathrm{d}X_2} = 2(l_{12}X_1 + l_{22}X_2) = 2J_2$。因为当该系统处于稳定态时有 $J_2=0$，所以

$\dfrac{\mathrm{d}P}{\mathrm{d}X_2}=0$。因受热力学第二定律的限制应有 $l_{11}>0$，$l_{11}l_{22}-l_{12}^2>0$，因而 $l_{22}>0$，于是有 $\dfrac{\mathrm{d}^2P}{\mathrm{d}X_2^2}=2l_{22}>0$。综上可见，在"力"与"流"之间满足线性唯象关系、唯象系数满足 Onsager 倒易关系及 (2.3) 式且为常数的前提下，如果边界条件恒定的系统已处于稳定态，则系统的熵产生必定取最小值。

综上可见，这个例子给我们的启示是：首先，最小熵产生原理的结论并不一定只能由 (2.7) 式得到；其次，在"力"与"流"满足线性唯象关系、唯象系数满足 Onsager 倒易关系及 (2.3) 式且为常数的前提下，如果边界条件恒定，则系统是否处于稳定态就成了判定系统熵产生是否取最小值的唯一决定性条件。而达到上述稳定态所需经历时间的长短，对系统熵产生是否取最小值并没有影响。经历时间长短所起的作用，只是表示上述最小的熵产生究竟是相对于一个多大范围而言的最小而已。

2.5.5　新最小熵产生原理

由 2.5.2 节知，在非线性非平衡态热力学过程中的任意瞬时 t，以 (2.1) 式表示的"力"与"流"之间的非线性关系，总可以用与 t 瞬时相应的"力"与"流"之间的线性唯象关系 (2.6) 式来代替，并且 (2.6) 式中的唯象系数满足 Onsager 倒易关系及 (2.3) 式且为常数。因为在非线性非平衡态热力学过程中任意瞬时 t 附近的一个微小时间区间 $t\pm\mathrm{d}t$ 内，当 $\mathrm{d}t\rightarrow0$ 时，随时间而变的系统边界条件可以在满足任意精度要求的情况下视为是"恒定"的。而系统本身则也可在满足任意精度要求的情况下视为一种"稳定态"（为与真正的稳定态区别，以后称之为瞬时稳定态）。于是根据 2.5.4 节最后所述的"启示"，就可得到非线性非平衡态热力学过程中任意瞬时的最小熵产生原理。即"在非线性非平衡态热力学过程中的任意瞬时，系统的熵产生总是取与该瞬时约束条件（关于"约束条件"的含意将在 2.8 节中详细说明）相适应的、当时（即该瞬时）所有可能熵产生中的最小值"。为简便计，以后将此最小熵产生原理简称为新最小熵产生原理。

2.5.6　最小耗能原理

设系统中单位体积的熵产生为 σ、绝对温度为 T，则在单位时间内该单位体积的耗能率（即自由能耗散率，或称耗散函数）[8] 为

$$\varphi=T\sigma \tag{2.11}$$

如果把上述单位体积视为一"微系统"，则根据 2.5.5 节的新最小熵产生原理及

(2.11) 式可知，该"微系统"的耗能率也一定总是取与该瞬时的约束条件相适应的当时所有可能耗能率中的最小值。鉴于耗能率 φ 与熵产生 σ 一样也是一个广延量，于是可将上述结论从"微系统"推广到一般系统。即"在非线性非平衡态热力学系统中发生的任何耗能过程，都将在与其相应的约束条件下，以最小耗能的方式进行"。其中"以最小耗能的方式进行"的含意，是指在上述耗能过程的任意瞬时，系统的耗能率都取当时所有可能耗能率中的最小值。因为在整个耗能过程的每一瞬时，系统的耗能率都取当时所有耗能率中的最小值，所以整个耗能过程的总耗能也应取所有可能总耗能中的最小值。因此"以最小耗能的方式进行"，实际上还蕴含着"任何耗能过程总是在相应的约束条件下，力图使整个过程的总耗能取最小值"的内容。这就是适用于非线性非平衡态热力学过程中任意瞬时的最小耗能原理。

　　显然，最小耗能原理实际上就是新最小熵产生原理的另一种表述形式。由于在定量分析不可逆过程引起的自由能耗散问题时，使用最小耗能原理可能会更方便一些，所以在研究广泛地存在于各学科领域之中的自由能耗散问题时，常常用到的不是新最小熵产生原理而是最小耗能原理。

2.5.7　新最小熵产生原理(即最小耗能原理)与 Prigogine 的最小熵产生原理(即最小能耗率原理)的区别

　　由 2.5.3 节可见，Prigogine 的最小熵产生原理中所谓的最小熵产生，指的是从恒定边界条件被给定之时起直到系统达到稳定态止的全过程范围内，系统的所有可能熵产生中的最小值。由 2.5.4 节知，这相当于要求在一个较长的时间范围内（即从恒定边界条件被给定之时起直到系统达到稳定态止的这段时间内），系统中"力"与"流"应满足线性的唯象关系、唯象系数满足 Onsager 倒易关系及 (2.3) 式且为常数。显然这是一个十分苛刻的条件。它只有在平衡态附近的线性区内才能近似得到满足。这就是 Prigogine 的最小熵产生原理只适用于平衡态附近的线性区的根本原因。但是由于在上述条件下有 (2.7) 式中的第 2 式成立，所以由 Prigogine 的最小熵产生原理可以得到在非平衡态热力学的线性区中出现的稳定态具有稳定性的结论。

　　由 2.5.5 节可见，新最小熵产生原理中的所谓最小熵产生，指的是系统在非线性非平衡态热力学过程中任意瞬时的所有可能熵产生中的最小值。由于新最小熵产生原理把寻找系统最小熵产生的范围从一个相对较长的时间区间缩小到过程中的任意瞬时，因而也就将要求在一个相对较长的时间范围内，"力"与"流"之间应满足线性唯象关系、唯象系数满足 Onsager 倒易关系及 (2.3) 式且为常数的苛刻条件，放宽为只要求在非线性非平衡态热力学过程中的任意瞬时满足即可。显然，在这种情况下"边界条件恒定"的限制也失去了意义，因此此"限制"也可取消。由 2.5.2 节可见，上述在一个相对较长的时间范围内难于满足的苛刻条件，在非线性非平衡态热力学过程中的任意瞬时却总是能够得到满足。这就是新最小熵产生原理的适用范围可以拓展至非线性非平衡态热力学过程中任意瞬时的根本原因。但新最小熵产生原理是一"瞬态性原理"。即该原理中所说的"稳定态"，是相对于 t 瞬时的一个微小邻域 $t \pm \mathrm{d}t$ 而言的"稳定态"。当 $\mathrm{d}t \to 0$ 时，它实际上是一种"瞬时稳定态"。因此，新最小熵产生原理中所谓的"稳定态"（即瞬时稳定态）一般并不具有稳定性。只有当所讨论的瞬时 t 已经在系统达到真正的稳定态的时间范围之内时，"瞬时稳定性"才可能具有稳定性。

综上，新最小熵产生原理与 Prigogine 的最小熵产生原理的区别是：

(1)它们的最小熵产生是相对于不同的时间范围而言的"最小"；

(2)它们所谓的"稳定态"，前者为瞬时稳定态，一般不具有稳定性，而后者则具有稳定性。由于两个原理要求满足的条件及所谓的"最小"都完全不同，因此它们虽说名称相似而内涵却完全不同，彼此相容不悖并无矛盾。

2.6　对最小耗能原理正确性的验证

由 2.5.6 节知，最小耗能原理实际上就是新最小熵产生原理的另一种表述形式，所以对最小耗能原理正确性的验证实际上就相当于是对新最小熵产生原理的验证。

2.6.1　导出无内热源情况下的不稳定热传导方程

无内热源时，因各向同性热传导所导致的任一微小单位体积的热能损失率（即耗能率）为

$$\varphi = -T \mathrm{div}\left(\frac{\boldsymbol{q}}{T}\right) = -\mathrm{div}\boldsymbol{q} + \frac{1}{T}\boldsymbol{q} \cdot \mathrm{grad}T$$

$$= -\left(\frac{\partial q_x}{\partial x} + \frac{\partial q_y}{\partial y} + \frac{\partial q_z}{\partial z}\right) + \frac{1}{T}\left(q_x\frac{\partial T}{\partial x} + q_y\frac{\partial T}{\partial y} + q_z\frac{\partial T}{\partial z}\right) \tag{2.12}$$

其中，$\boldsymbol{q}$ 为热流密度矢量；T 为绝对温度。将 Fourier 定律（它相当于"力"与"流"之间的关系）

$$q_i = -K\frac{\partial T}{\partial i} \quad (i = x, y, z) \tag{2.13}$$

代入 (2.12) 式则得

$$\varphi = K\left(\frac{\partial^2 T}{\partial x^2} + \frac{\partial^2 T}{\partial y^2} + \frac{\partial^2 T}{\partial z^2}\right) - \frac{K}{T}\left[\left(\frac{\partial T}{\partial x}\right)^2 + \left(\frac{\partial T}{\partial y}\right)^2 + \left(\frac{\partial T}{\partial z}\right)^2\right] \tag{2.14}$$

其中，K 为热传导系数，对各向同性问题可设为常数。于是在 t 瞬时系统 V 的热能损失率为

$$\phi = \iiint_V \left\{ K\left(\frac{\partial^2 T}{\partial x^2} + \frac{\partial^2 T}{\partial y^2} + \frac{\partial^2 T}{\partial z^2}\right) - \frac{K}{T}\left[\left(\frac{\partial T}{\partial x}\right)^2 + \left(\frac{\partial T}{\partial y}\right)^2 + \left(\frac{\partial T}{\partial z}\right)^2\right] \right\} \mathrm{d}x\mathrm{d}y\mathrm{d}z$$

$$= \iiint_V \varphi(x, y, z, T, T_x, T_y, T_z, T_{xx}, T_{yy}, T_{zz}) \mathrm{d}x\mathrm{d}y\mathrm{d}z \tag{2.15}$$

其中，$T_i = \dfrac{\partial T}{\partial i}$，$T_{ii} = \dfrac{\partial^2 T}{\partial i^2}$ $(i = x, y, z)$。根据最小耗能原理，在 t 瞬时系统 V 的热能损失率 ϕ 在满足初始条件及 t 瞬时边界条件的约束下应有

$$\delta \phi = 0 \tag{2.16}$$

与 (2.16) 式相应的 Euler 方程为

$$\frac{\partial \varphi}{\partial T} - \frac{\partial}{\partial x}\left(\frac{\partial \varphi}{\partial T_x}\right) - \frac{\partial}{\partial y}\left(\frac{\partial \varphi}{\partial T_y}\right) - \frac{\partial}{\partial z}\left(\frac{\partial \varphi}{\partial T_z}\right) + \frac{\partial^2}{\partial x^2}\left(\frac{\partial \varphi}{\partial T_{xx}}\right) + \frac{\partial^2}{\partial y^2}\left(\frac{\partial \varphi}{\partial T_{yy}}\right) + \frac{\partial^2}{\partial z^2}\left(\frac{\partial \varphi}{\partial T_{zz}}\right)$$

$$= -\frac{K}{T^2}\left[\left(\frac{\partial T}{\partial x}\right)^2 + \left(\frac{\partial T}{\partial y}\right)^2 + \left(\frac{\partial T}{\partial z}\right)^2\right] + \frac{2K}{T}\left(\frac{\partial^2 T}{\partial x^2} + \frac{\partial^2 T}{\partial y^2} + \frac{\partial^2 T}{\partial z^2}\right) = 0 \tag{2.17}$$

注意到 (2.14) 式，则 (2.17) 式可写成

$$\varphi + K\left(\frac{\partial^2 T}{\partial x^2} + \frac{\partial^2 T}{\partial y^2} + \frac{\partial^2 T}{\partial z^2}\right) = 0 \tag{2.18}$$

因为热传导过程还应受到热力学第一定律的约束，即

$$\varphi = -C\rho\frac{\partial T}{\partial t} \tag{2.19}$$

其中，C 为比热；ρ 为密度。将 (2.19) 式代入 (2.18) 式可得

$$\frac{\partial T}{\partial t} = \frac{K}{C\rho}\left(\frac{\partial^2 T}{\partial x^2} + \frac{\partial^2 T}{\partial y^2} + \frac{\partial^2 T}{\partial z^2}\right) \tag{2.20}$$

综上可知，在要求系统 V 满足初始条件、边界条件及热力学第一定律和 Fourier 定律的情况下，求 t 瞬时的热能损失率最小的问题，可以等价地化为在同样初始条件及边界条件下求解 (2.20) 式的问题。众所周知，(2.20) 式就是著名的无内热源情况下的不稳定热传导方程，它适用于边界温度随时间而变的、不稳定过程中的任意瞬时。这表明系统在不稳定热传导过程中的任意瞬时 t，其热能耗散规律服从

最小耗能原理，因为虽然在 t 瞬时系统 V 中满足问题给定的初始条件及边界条件的温度分布可以有许多种（它们分别对应于包括 (2.20) 式在内的形式各异的不同方程），但 V 中真实的温度分布却只能是这许多种可能的温度分布中的使系统 V 在该瞬时热能损失率最小的那种温度分布（即满足 (2.20) 式的温度分布）。显然，上例可以认为是对最小耗能原理（因而也是对新最小熵产生原理）正确性的一种验证，因为它表明将新原理用于不稳定热传导过程中的任意瞬时都能得到正确的结果。

2.6.2 一个简单的并联电路计算问题

设由电阻 R_1、R_2 组成的并联电路，在端电压 $V(t)$ 随时间 t 而变的非稳定状态下，通过该电路的总电流强度为 $I(t)$，通过 R_1 和 R_2 的电流强度为 $I_1(t)$ 和 $I_2(t)$。若已知 R_1、R_2 及 $I(t)$，试求 $I_1(t)$、$I_2(t)$。

由电学理论知，上述并联电路在任意瞬时 t 的电能消耗率为

$$\varphi(t) = V(t)[I_1(t) + I_2(t)] \tag{2.21}$$

将相当于"力"与"流"之间的关系

$$V(t) = R_1 I_1(t) = R_2 I_2(t) \tag{2.22}$$

代入 (2.21) 式可得

$$\varphi(t) = R_1 I_1^2(t) + R_2 I_2^2(t) \tag{2.23}$$

由于受热力学第一定律的约束，应有

$$V(t)I(t) = V(t)\big[I_1(t) + I_2(t)\big]$$

即

$$I(t) - I_1(t) - I_2(t) = 0 \tag{2.24}$$

根据最小耗能原理，(2.23) 式应在满足 (2.24) 式的条件下取驻值。在引入 Lagrange 乘子 λ 之后有

$$\begin{cases} \partial\{\varphi(t) + \lambda[I(t) - I_1(t) - I_2(t)]\} / \partial I_1(t) = 0 \\ \partial\{\varphi(t) + \lambda[I(t) - I_1(t) - I_2(t)]\} / \partial I_2(t) = 0 \end{cases} \tag{2.25}$$

将 (2.23) 式代入 (2.25) 式可得

$$I_1(t) = \lambda / (2R_1), \quad I_2(t) = \lambda / (2R_2) \tag{2.26}$$

将 (2.26) 式代入 (2.24) 式可得

$$\lambda = [(2R_1 R_2) / (R_1 + R_2)]I(t) \tag{2.27}$$

将 (2.27) 式代入 (2.26) 式则得

$$I_1(t) = [R_2/(R_1+R_2)]I(t), \quad I_2(t) = [R_1/(R_1+R_2)]I(t) \tag{2.28}$$

通过比较可见，(2.28) 式与按电学理论计算所得结果完全一致。

本例表明,在端电压随时间而变的不稳定电能消耗过程中的任意瞬时 t,虽然在 t 瞬时满足(2.24)式的 $I_1(t)$、$I_2(t)$ 的可能组合有无穷多,但真实的 $I_1(t)$、$I_2(t)$ 却只能是使(2.23)式取最小值的那个组合。即总电流强度 $I(t)$ 总是以使在该瞬时消耗电能最小的方式在两分支电路上进行分配。显然,本例又一次验证了新原理的正确性。另外,文献[11]之参考文献[12]~[41]也都可看成支持新原理成立的证明,因为这些文献都是通过应用新原理所获得的新成果写成的。顺便指出,其中的文献[34]还利用变分原理进一步论证了瞬时稳定状态下最小耗能原理在包含有电容、电感及电阻的一般情况下的电网络系统中也是正确的。

2.7　用最小耗能原理解决问题的三种途径

2.7.1　三种途径

由 2.5.6 节知,最小耗能原理实际上就是新最小熵产生原理的另一种表述形式,因此下面仅以最小耗能原理为例进行讨论。

如 1.3 节所述,根据非平衡态热力学理论[8],系统 V 中任一微小单位体积在过程中任意瞬时 t 的耗能率为

$$\varphi = T\sigma = T\sum_{k=1}^{n} J_k X_k \tag{2.29}$$

其中,T 和 σ 分别为该微小单位体积在 t 瞬时的绝对温度和熵产生;J_k 和 X_k 分别为相应的"流"和"力"。于是系统 V 在过程中任意瞬时 t 的总耗能率为

$$\Phi = \iiint_V \varphi \mathrm{d}V = \iiint_V T\sum_{k=1}^{n} J_k X_k \mathrm{d}V \tag{2.30}$$

因为"流"可视为"力"的函数,所以可将系统 V 在 t 瞬时的全部约束条件以"力"表示为

$$f_i(X_1, \cdots, X_n) = 0 \quad (i = 1, 2, \cdots, m) \tag{2.31}$$

根据最小耗能原理,(2.30)式应在满足(2.31)式的条件下取驻值,于是可得 Euler 方程

$$\begin{cases} \partial \left\{ T\sum_{k=1}^{n} J_k X_k + \sum_{i=1}^{m} \lambda_i f_i \right\} \Big/ \partial X_1 = 0 \\ \qquad\qquad \cdots\cdots \\ \partial \left\{ T\sum_{k=1}^{n} J_k X_k + \sum_{i=1}^{m} \lambda_i f_i \right\} \Big/ \partial X_n = 0 \end{cases} \tag{2.32}$$

其中，λ_i 为 Lagrange 乘子。不难看出，在利用(2.32)式解决具体问题时，可以有如下三种途径：

(1) 如果 J_k 与 X_k 之间的关系表达式已知，而(2.31)式中的 f_i 除某个具体表达式(如 f_j)待定之外其余均为已知，则由(2.32)式有

$$\begin{cases} \partial f_j / \partial X_1 = F_1(X_1, \cdots, X_n; \lambda_1, \cdots, \lambda_m) \\ \qquad\qquad \cdots\cdots \\ \partial f_j / \partial X_n = F_n(X_1, \cdots, X_n; \lambda_1, \cdots, \lambda_m) \end{cases} \tag{2.33}$$

并且其中的 $F_l(X_1, \cdots, X_n; \lambda_1, \cdots, \lambda_m)$ $(l=1, \cdots, n)$ 均为 $X_k(k=1, \cdots, n)$ 和 $\lambda_i(i=1, \cdots, m)$ 的已知函数。于是将(2.33)式代入

$$\mathrm{d}f_j = (\partial f_j / \partial X_1)\mathrm{d}X_1 + \cdots + (\partial f_j / \partial X_n)\mathrm{d}X_n \tag{2.34}$$

并积分，则可确定 f_j 的表达式。

由于在实际问题中(2.31)式的 f_i $(i=1, \cdots, m)$ 往往并不一定都是全体 X_k $(k=1, \cdots, n)$ 的函数，对于这种情况，则(2.31)式中的 f_i $(i=1, \cdots, m)$ 有两个或两个以上是未知函数的问题也可获得解决。例如，若已知 f_j 与 $X_1, \cdots, X_m$ 无关，f_k 与 $X_{m+1}, \cdots, X_n$ 无关，则 f_j 与 f_k 就都可以作为待定的未知函数并按上述方法予以确定。

(2) 如果 J_k 与 X_k $(k=1, \cdots, n)$ 之间的关系表达式待定，而(2.31)式中 f_i $(i=1, \cdots, m)$ 的表达式均为已知，则由(2.32)式可得到 J_k 与 X_k 之间应该满足的方程为

$$\begin{cases} T\left[J_1 + \sum_{k=1}^{n} X_k(\partial J_k / \partial X_1) \right] + \sum_{i=1}^{m} \lambda_i(\partial f_i / \partial X_1) = 0 \\ \qquad\qquad \cdots\cdots \\ T\left[J_n + \sum_{k=1}^{n} X_k(\partial J_k / \partial X_n) \right] + \sum_{i=1}^{m} \lambda_i(\partial f_i / \partial X_n) = 0 \end{cases} \tag{2.35}$$

(2.35)式可视为是关于未知函数 $J_k(k=1, \cdots, n)$ 的共有 n 个方程的一阶偏微分方程组，而待定的未知函数 J_k 也是 n 个。因此，有可能由(2.35)式确定 J_k 与 X_k 及 λ_i 之间的关系表达式，λ_i 则可由(2.31)式确定。

(3) 如果 J_k 与 X_k 之间的关系表达式及(2.31)式中所有 f_i 的具体表达式均为已知，则(2.31)、(2.32)式组成关于 X_k 及 λ_i 的封闭方程组，据此则有可能确定 X_k。

2.7.2　应用举例

[例 2-1]　由途径(1)导出塑性力学中著名的 Mises 屈服准则。

Mises 屈服准则是目前在塑性力学中应用最普遍的准则，它是判别在复杂应力状态下材料是否会发生屈服的重要依据。由于对复杂应力状态下材料破坏理论

的研究至今尚未取得突破，因此目前在工程实际问题中可供选用的各种损伤、屈服、断裂和破坏准则，都或者是根据观察破坏现象提出的各种不同假设、或者是通过拟合实验结果得到的一些没有物理意义的经验公式。Mises 屈服准则属于前一种情况。显然，本书 1.3 节所举之例题已实现了由途径(1)导出 Mises 屈服准则的目的(详见 1.3 节)。

　　[**例 2-2**]　　由途径(2)导出塑性力学中的各种增量型本构关系(或称塑性流动理论)。

　　设塑性应变 ε_{ij}^p 是变形过程中的唯一耗能机制，则任一微小单位体积的耗能率为

$$\varphi = \sigma_{ij}\dot{\varepsilon}_{ij}^p \tag{2.36}$$

其中， σ_{ij} 、 ε_{ij}^p 、 $\dot{\varepsilon}_{ij}^p$ 分别是应力张量、塑性应变张量及塑性应变率张量。设以(2.36)式表示的耗能过程必须满足的约束条件为

$$F(\sigma_{ij}) = 0 \tag{2.37}$$

根据最小耗能原理，(2.36)式应在满足(2.37)式的条件下取驻值，于是有

$$\dot{\varepsilon}_{pq}^p + \sigma_{ij}(\partial \dot{\varepsilon}_{ij}^p / \partial \sigma_{pq}) - \lambda(\partial F / \partial \sigma_{pq}) = 0 \tag{2.38}$$

式中， λ 为待定的 Lagrange 乘子(显然(2.38)式可视为(2.35)式的特例)。(2.38)式实际上可以认为是塑性力学中增量型本构关系的一般形式，因为当以(2.36)式表示的 φ 是一位势函数时，将(2.38)式写为增量形式可得

$$\mathrm{d}\varepsilon_{pq}^p = \mathrm{d}\lambda(\partial F / \partial \sigma_{pq}) \tag{2.39}$$

(2.39)式即为塑性力学中的非关联流动法则型增量本构关系。当将(2.39)式中的 $F(\sigma_{ij})$ 取为屈服函数时，(2.39)式即化为塑性力学中的关联流动法则型增量本构关系。如果将(2.39)式中的 $F(\sigma_{ij})$ 取为 Mises 屈服函数，即可得到

$$\mathrm{d}\varepsilon_{ij}^p = \mathrm{d}\lambda^* S_{ij} \tag{2.40}$$

其中， $\mathrm{d}\lambda^* = 6\mathrm{d}\lambda$, S_{ij} 为应力偏量。由(2.40)式出发，如果忽略弹性变形不计，则可得到塑性力学增量型本构关系中的 Levy-Mises(或称 Saint Venant-von Mises)理论；如果计及弹性变形则可得到 Prandtl-Reuss 理论。

　　众所周知：塑性力学中的非关联流动法则型增量本构关系，仅仅是类比于弹性位势理论而提出的一种假设；关联流动法则型增量本构关系则是根据 Drucker 假设得到的结果；赖以建立 Levy-Mises 理论和 Prandtl-Reuss 理论的(2.40)式，则是根据观察复杂应力状态下的实验结果而提出的一种假设。而由本例可见，上述塑性力学中赖以建立各种不同增量型本构关系的不同假设，在由最小耗能原理导

出的增量型本构关系的一般形式(即(2.38)式)下得到了和谐的统一。

在2.6.1节中给出的例子，实际上可以看作是应用途径(3)解决问题的一个例子。因为已知Fourier定律的表达式(2.13)式、热力学第一定律的表达式(2.19)式和问题给定的初始条件和边界条件，即相当于"力"与"流"之间的关系表达式和其他约束条件的表达式均为已知。而由在满足定解条件(即初始条件及边界条件)下求解(2.20)式得到系统 V 中的温度分布，即相当于确定了不可逆热传导过程中的"力"(即温度梯度)。显然，这就是途径(3)解决问题的思路和结果。同理，2.6.2节给出的例子，也可看作是应用途径(3)解决问题的又一例子。即(2.22)式相当于已知"力"与"流"之间的关系，(2.24)式相当于以"流"的形式给出的约束条件，(2.28)式相当于确定了不可逆过程中的"流"。至于为什么在约束条件中没有包含边界条件，将在2.8节中进行说明。

2.7.3　对用最小耗能原理解决问题的三种途径的进一步讨论

显然，途径(3)实际上就是在各学科领域中已被广泛应用的变分方法。但应用途径(1)及途径(2)来解决问题的情况却属少见。然而，目前在力学和材料科学中公认的大难题——材料的破坏理论和本构关系理论却可能由途径(1)和途径(2)获得解决。

(1)途径(1)实际上给出了一种导出各类材料破坏准则的新思路。

因为任何形式的材料破坏都需要消耗能量，所以材料的破坏过程实际上可视为一耗能过程，因此它应受到最小耗能原理的规范(由于材料的破坏通常都不属于稳定态的情况，因此Prigogine的最小熵产生原理及与其相应的最小能耗率原理不能用来讨论这类问题)。根据最小耗能原理，只要能够写出(即已知)材料破坏时的耗能率表达式(由本章2.5.6节知也可以是只要能够写出破坏时的总耗能表达式)，并将材料破坏准则视为实现材料破坏耗能必须满足的待定约束条件，则沿途径(1)即可确定材料的破坏准则。由于以上方法无论对哪一种类型的破坏耗能形式都是适用的，因此包括损伤准则、屈服准则、断裂准则、破坏准则在内的各种强度准则，都能沿此途径导出。具体例子可参见文献[11]中的参考文献[9]、[12]～[14]、[16]～[21]、[23]～[25]。

(2)途径(2)实际上给出了一种建立材料本构关系的新理论。

由途径(2)可见，(2.35)式其实就是热力学过程中满足给定约束条件(2.31)式的"流"与"力"之间的最一般关系(即耗散型材料本构关系的最一般形式)，因此可以认为途径(2)实际上给出了一种建立材料本构关系的新理论。这种新理论认为，材料的本构关系除了应受到连续介质力学本构理论中的公理化体系的规范之外，还应受到最小耗能原理的规范(因为耗散型材料的本构关系与"过程"有关，这已超出了 Prigogine 最小熵产生原理讨论的范围，故只能用最小耗能原理)。众所周知，根据公理化体系建立的连续介质力学本构关系理论，仅是一个建立正确本构关系的、原则性的理论框架。它不能给出本构关系的具体表达式。但在增加了本构关系还应受到最小耗能原理的规范这一条件之后，则由 2.7.2 节之例 2-2 以及文献[11]的参考文献[9]，[30]，[31]，[33]～[37]，[39]可见，按途径(2)即可求得本构关系的具体表达式。

(3)鉴于耗能过程普遍存在于许多学科领域之中，因此途径(1)和途径(2)应该还拥有更加广泛的应用范围(详见文献[11]之第 7 章)。

2.8 关于约束条件

由 2.6 节、2.7 节两节可见，最小耗能原理中所谓的约束条件并不是单指边界条件。这是因为为了保证用最小耗能原理求得的"力"与"流"的结果是正确的，这些结果就必须满足包括边界条件和初始条件在内的"力"和"流"所应该满足的全部条件(由 2.7.1 节知这些条件总可以用 $f_i(J_1,\cdots,J_n; X_1,\cdots,X_n)=0$ 或(2.31)式即 $f_i(X_1,\cdots,X_n)=0$ 的形式给出)。显然，如果假设这些约束条件中的某些事先已得到满足(或真的已得到满足)，则与之相应的(2.31)式中的那些方程就可以不包括在对(2.30)式求变分时要求满足的约束条件之中。

例如，在 2.6.1 节中导出热传导方程时，由于已将本应作为约束条件的(2.13)式(即 Fourier 定律)和(2.19)式(即热力学第一定律)直接代入(2.12)式及(2.18)式中了(这相当于两个约束条件真的已得到满足)，所以在对(2.15)式求变分时，只须将定解条件(即初始条件及边界条件)作为约束条件即可。

又例如在 2.6.2 节的电路计算例题中，由于已将相当于表示"力"与"流"之间关系的约束条件(2.22)式直接代入(2.21)式，但却没有将相当于表示热力学第一定律的约束条件(2.24)式代入(2.23)式，所以在对(2.23)式求极值时，(2.22)式无须作为约束条件，但必须将(2.24)式作为约束条件。显然，如果将(2.24)式代入(2.23)式对新得到的(2.23)式求极值，(2.24)式就可以不再作为约束条件了。顺便指出，由于可将该并联电路视为整个电路系统中的一个小单元，并且认为(即假定)其端电压 $V(t)$ 和总电流强度 $I(t)$ 都是在满足系统定解条件情况下得到的结果(即 $V(t)$ 和 $I(t)$ 必须是满足定解条件的电路系统在该处的真实值)，因此在对(2.23)式求极值时，也就无须再把定解条件作为要求满足的约束条件了。

又例如在 2.7.2 节中例 2-1 中(即 1.3 节给出的例子中)已将相当于"流"与"力"

之间的关系(1.5)式直接代入了(1.6)式(这相当于(1.5)式已真的得到了满足)，而且只将以(1.7)式表示的屈服准则作为约束条件，这实际上意味着已假定了除(1.5)式及屈服准则以外的，包括定解条件在内的所有 σ_i 应满足的其他约束条件都已得到满足。所以 2.7.2 节之例 2-1(即 1.3 节给出的例子)在对(1.6)式求极值时，就只剩下以(1.7)式表示的屈服准则一个约束条件了。因此对屈服准则中的主应力 σ_i 而言，实际上还隐含着要求它们(即 σ_i)满足除(1.5)式和屈服准则之外的，它们(即 σ_i)还应该满足的其他约束条件及定解条件，即 σ_i 必须是某一具体问题的真实主应力。

　　同样在 2.7.2 之例 2-2 中，实际上已假定了其中的 $\dot{\varepsilon}^p_{pq}$ 和 σ_{ij} 除形如(2.37)式的一个约束条件之外，其他包括定解条件在内的所有约束条件都已得到满足，所以在对(2.36)式求极值时就只有以(2.37)式表示的一个约束条件了。显然，这意味着对(2.38)式中的 $\dot{\varepsilon}^p_{pq}$ 和 σ_{ij} 而言，实际上还隐含着要求它们满足除(2.37)式以外的还应该满足的其他所有约束条件和定解条件(即 $\dot{\varepsilon}^p_{pq}$ 和 σ_{ij} 必须是真实的塑性应变率和应力)。

　　需要指出的是，最小耗能原理中所谓的约束条件实际上就是"力"和"流"应该满足的以 $f_i(J_1,\cdots,J_n; X_1,\cdots,X_n)=0$ 或(2.31)式即 $f_i(X_1,\cdots,X_n)=0(i=1,\cdots,m)$ 表示的全部控制方程(即 J_k 与 X_k 应该满足的基本方程)和定解条件。因此，当按最小耗能原理在这样的约束条件下建立起相应的条件极值或条件变分方程之后，就相当于在"力"和"流"应该满足的所有控制方程及定解条件之外又增加了一些新方程(即上述的条件极值或条件变分方程)。显然，这些新方程不应与"力"和"流"应该满足的以控制方程形式给出的约束条件相矛盾。这就意味着，这些新方程就是(或者相当于)约束条件中的某些方程(例如 2.6.1 节及 2.7.2 节中例 2-1(即 1.3 节给出的例子)和例 2-2)，或者对这些方程(即上述极值条件或条件变分方程)而言，它们所应满足的约束条件还可作一些简化，详见文献[11]中第 5 章。

2.9　主　要　结　论

　　(1)最小耗能原理实际上已将任何热力学系统只有在平衡态附近线性区的稳定态才有耗能率最小的结论(即 Prigogine 的最小熵产生原理或最小能耗率原理)，拓展至任何热力学系统在非线性非平衡态热力学过程中的任意瞬时都取当时所有可能耗能率中的最小值。这就使最小耗能原理具有了普遍性，因而可把最小耗能原理作为一个能与热力学第一和第二定律并列的自然界的基本规律。众所周知：热力学第一定律解决了在能量的传输和转换过程中，各种参与传输和转换的能量之间应该维持一种什么样的关系的问题；热力学第二定律解决了在能量传输和转换过程中，各种参与传输和转换的能量究竟朝什么方向传输和转换的问题。而本章建立的最小耗能原理则解决了在能量传输和转换过程中，各种参与传输和转换的能量究竟以一种什么样的速率进行传输和转换的问题。显然，由于最小耗能原理的加入，将使目前已广泛应用于各学科领域的能量原理更趋完善，它在科学上的价值和意义是不言而喻的。

(2)最小耗能原理由于将求极值时应该满足的条件定位为含意更广的"约束条件"，并在此基础上提出了应用新原理解决问题的三种途径，从而突破了目前在许多学科领域通常只采用途径(3)一种模式解决问题的状态，从而大大拓展了最小耗能原理所能解决问题的范围。

参 考 文 献

[1] Yang C T，Song C C S. Theory of minimum rate of energy dissipation. J. Hyd. Div，1979，105(7)：769-784.

[2] 侯晖昌. 河流动力学基本问题. 北京：中国水利水电出版社，1982.

[3] 韦直林. 评河流最小能耗理论. 泥沙研究，1991，(2)：39-45.

[4] 徐国宾，练继建. 流体最小熵产生原理与最小能耗率原理(Ⅰ). 水利学学报，2003，(5)：35-40.

[5] 普利高津Ⅰ. 从存在到演化. 自然杂志，1980，(1)：13-16.

[6] Prigogine Ⅰ. Time，Structure and fluctuations. Science，1978，201：777-785.

[7] Degroot S R，Mazur P. Non-equilibrium Thermodynamics. Amsterdam：North-Holland Pub，1962.

[8] 李如生. 非平衡态热力学和耗散结构. 北京：清华大学出版社，1986.

[9] 周筑宝. 最小耗能原理及其应用. 北京：科学出版社，2001.

[10] 周筑宝，唐松花. 功耗率最小与工程力学中的各类变分原理. 北京：科学出版社，2007.

[11] 周筑宝，唐松花. 最小耗能原理及其应用(增订版). 长沙：湖南科学技术出版社，2012.

第3章　基于最小耗能原理的岩石破坏理论

3.1　根据最小耗能原理建立材料破坏准则的基本思路和技术路径

1.3 节阐明了最小耗能原理与强度理论之间的关系(即强度准则应受到最小耗能原理的规范)，并根据最小耗能原理导出了塑性力学中著名的 Mises 屈服准则。1.4.2 节在综述前人研究成果的基础上指出：材料的破坏准则与材料破坏前、后的性能(如本构关系和一些有关的材料参数)以及导致材料破坏的应力状态三个因素有关，并且还应受到最小耗能原理的规范。但由于在此之前对上述三个影响因素的认识是"零散的"，因此在实际建立材料破坏准则时，这三个影响因素常常受到不同程度的忽视，以致在现有的强度理论体系中还找不出一个能同时反映上述三个因素影响并受到最小耗能原理规范的材料破坏准则。鉴于材料的强度确实与材料破坏前、后的性能以及导致材料破坏的应力状态有关，因此在忽略上述三个影响因素中的任何一个或两个的情况下，即使考虑了"准则"应受到最小耗能原理规范的条件，也将对准则的精度及其适应范围产生不利的影响。例如，由 1.3 节可以看出，实际上是在仅考虑了材料破坏之后的性能(即以(1.5)式表示的本构关系)，并认为材料的拉、压屈服极限相等的情况下，根据最小耗能原理导出了 Mises 屈服准则。由于该"准则"未能体现材料破坏前的性能及应力状态对"准则"的影响，因此该准则的适用范围有限。

文献[1]和[2]给出的根据最小耗能原理建立材料破坏准则的基本思路是：①"准则"应该是一个待定或具有待定成分的促使材料发生破坏所需消耗能量的临界值表达式。显然，这个表达式应与材料破坏前的性能(即材料破坏前蓄积能量的性能)有关。②在材料发生破坏时的耗能过程中，其耗能率应在满足"准则"的条件下取最小值(即材料的破坏耗能只有在满足"准则"的条件下才会发生并以耗能最小的方式(亦即以最容易发生破坏的方式)进行)。显然，上述"耗能率"的表达式应与材料发生破坏后的性能有关，例如 1.3 节中的(1.6)式就与(1.5)式有关。③导致材料破坏的应力状态对"准则"的影响，实际上是以"准则"中的待定成分与材料破坏时所承受的应力状态有关来体现的。影响材料破坏的三个因素在材料破坏应受到最小耗能原理规范的条件下被同时融合到按以上基本思路建立的"准则"之中，因此按此基本思路建立的"准则"将不存在由于忽略某个影响因素而可能对"准则"精度及其适用范围带来的不利影响。

下面介绍实现上述"基本思路"的技术路径：在已知材料破坏过程本构关系的条件下表示材料单元破坏耗能过程的耗能率表达式，通常都可用一个应力张量 $\underset{\sim}{\sigma}$ 的已知函数 $\varphi(\sigma)$ 来表示(例如 1.3 节中式(1.6))。因为破坏准则可视为促使材料发生破坏所需消耗的能量(它可认为是由因荷载作用而产生的总应变能所提供)的临界值表达式，于是在已知材料破坏前性能(包括本构关系)的条件下，相应的破坏准则就可用 $\underset{\sim}{\sigma}$ 的待定或具有某些待定成分的函数(或多项式)形式 $F(\underset{\sim}{\sigma})$ 表示为

$$F(\sigma) = 0 \tag{3.1}$$

于是在其他约束条件都满足(即 $\underset{\sim}{\sigma}$ 是所研究对象的真实值)的情况下，根据最小耗能原理，在引入 Lagrange 乘子 λ 之后就有

$$\frac{\partial}{\partial \sigma}\left[\varphi\left(\underset{\sim}{\sigma}\right) + \lambda F\left(\underset{\sim}{\sigma}\right)\right] = 0 \tag{3.2}$$

即材料的破坏耗能率应在满足准则的条件下取最小值。因为 $\varphi(\sigma)$ 已知而 $F(\underset{\sim}{\sigma})$ 或其中的某些成分待定，于是可得 $F(\underset{\sim}{\sigma})$ 的全微分

$$\mathrm{d}F(\sigma) = \frac{\partial F}{\partial \sigma_{ij}}\mathrm{d}\sigma_{ij} \tag{3.3}$$

显然式(3.3)中的 $\dfrac{\partial F}{\partial \sigma_{ij}}$ 可由式(3.2)确定。积分式(3.3)即可确定 $F(\underset{\sim}{\sigma})$，将其代入(3.1)式，则基于最小耗能原理的破坏准则便被完全确定。

如 1.4.5 节所述，文献[1]和[2]按以上建立破坏准则的基本思路和技术路径，分别导出了现有的 Mises 屈服准则、最小应变能密度因子断裂准则和以损伤应变能密度释放率表示的损伤破坏准则，以及砼材料的强度准则和正交各向异性，线弹性且拉、压强度不等材料的破坏准则。以上情况表明，包括屈服、损伤、断裂或破坏在内的任何形式的材料破坏，都是以耗能最小(即以其最容易屈服、损伤、断裂或破坏)的方式发生和进行的。上述建立各类"准则"的基本思路和技术路径，也为文献[3]～[10]以及从网上可查到的更多的其他文献的作者们所认同，并以他们的工作证明了这种建立"准则"的基本思路和技术路径是可行的。这意味着最小耗能原理可以作为建立各类材料破坏准则(包括屈服、损伤、断裂和破坏)的统一理论框架。

3.2　基于最小耗能原理的岩石破坏准则

在将岩石视为各向同性、线弹性且拉、压强度不等材料的情况下，如果把岩石因荷载作用产生的不可恢复主应变 $\varepsilon_i^N(t)(i=1,2,3)$ 视为岩石破坏过程中的唯一耗能机制（其中 t 为表示破坏耗能过程的时间参数），则可将岩石在破坏开始时刻代表着某点的单位体积单元体的耗能率 $\varphi(t)\big|_{t=0}$ 表示为

$$\varphi(t)\big|_{t=0} = \sigma_i \dot{\varepsilon}_i^N(t)\big|_{t=0} \tag{3.4}$$

其中，σ_i 为破坏刚开始发生时该点的名义主应力；$\dot{\varepsilon}_i^N(t)$ 为 t 时刻的不可恢复主应变率。若设 E,μ 为岩石在发生破坏之前的名义弹性模量及泊松比，则在发生破坏耗能之前，其本构关系可表示为

$$\varepsilon_i = \frac{1}{E}[\sigma_i - \mu(\sigma_j + \sigma_k)] \tag{3.5}$$

由损伤力学知[11]，当代表某点的岩石单元在给定荷载作用下发生破坏耗能时，可以认为对于因各向同性损伤引起的破坏而言，在该点发生的破坏耗能过程实际上就是该点的损伤变量 D 由 0 逐渐递增到 1 的过程。在该点发生的破坏耗能过程中的任意时刻 t 的主应变，可根据应变等效原理用 (3.5) 式表示为

$$\varepsilon_i^N(t) = \frac{1}{[1-D(t)]E}[\sigma_i - \mu(\sigma_j + \sigma_k)] \tag{3.6}$$

并且有

$$D(t) = 1 - \frac{E(t)}{E} \tag{3.7}$$

其中，t 为表示该点破坏耗能过程的时间参数，当 $t=0$ 时有 $E(t)=E(0)=E$，当 $t=t_{\mathrm{r}}$ 时有 $E(t)=E(t_{\mathrm{r}})=0$，即当 $t=t_{\mathrm{r}}$ 时破坏耗能过程结束，该点达到完全破坏状态。将 (3.7) 式代入 (3.6) 式可得到破坏过程中的本构关系为

$$\varepsilon_i^N(t) = \frac{1}{E(t)}[\sigma_i - \mu(\sigma_j + \sigma_k)] \tag{3.8}$$

因为破坏耗能过程是不可逆过程，所以与它相应的应变增加过程也是不可逆的。将 (3.8) 式代入 (3.4) 式即可得到破坏开始时该岩石单元的耗能率表达式为

$$\varphi(t)\big|_{t=0} = \sigma_i \dot{\varepsilon}_i^N(t)\big|_{t=0} = -\frac{\dot{E}(t)}{E^2(t)}\bigg|_{t=0}[\sigma_1^2 + \sigma_2^2 + \sigma_3^2 - 2\mu(\sigma_1\sigma_2 + \sigma_2\sigma_3 + \sigma_3\sigma_1)] \tag{3.9}$$

如 3.1 节所述，材料的破坏准则实际上可视为是促使材料单元发生破坏所需消耗能量的临界值表达式。于是在将岩石视为各向同性、线弹性且拉、压强度不

等的材料时，岩石的破坏准则就可以用主应力的待定二次函数来表示(这相当于认为促使岩石单元发生破坏的能量是由荷载作用产生的弹性应变能所提供)，即(3.1)式可表示为

$$F\left(\underset{\sim}{\sigma}\right) = a_1\sigma_1^2 + a_2\sigma_2^2 + a_3\sigma_3^2 + a_4\sigma_1\sigma_2 + a_5\sigma_2\sigma_3 + a_6\sigma_3\sigma_1 + a_7\sigma_1 + a_8\sigma_2 + a_9\sigma_3 + a_{10} = 0$$

(3.10)

其中，$a_1 \sim a_{10}$ 为待定系数；$\sigma_i(i=1,2,3)$ 为名义主应力。显然(3.10)式是根据已假设岩石在破坏之前是各向同性、线弹性材料的条件得到的，另外还因为已假设岩石单轴抗拉、压强度不等，所以(3.10)式中还包含有 σ_i 的一次项(这相当于认为抗拉、压强度不等是由存在初应力引起的)。于是根据破坏准则的固有特征，当沿主轴 1 方向单轴拉、压时，由(3.10)式有 $a_1\sigma_1^2 + a_7\sigma_1 + a_{10} = 0$，所以有

$$f_t = \frac{-a_7 + \sqrt{a_7^2 - 4a_1a_{10}}}{2a_1}, \quad -f_c = \frac{-a_7 - \sqrt{a_7^2 - 4a_1a_{10}}}{2a_1}$$

或

$$f_t = \frac{-a_7 - \sqrt{a_7^2 - 4a_1a_{10}}}{2a_1}, \quad -f_c = \frac{-a_7 + \sqrt{a_7^2 - 4a_1a_{10}}}{2a_1}$$

于是有

$$\begin{cases} a_1 = -\dfrac{a_{10}}{f_t f_c} \\ a_7 = \dfrac{f_t - f_c}{f_t f_c} a_{10} \end{cases}$$

(3.11)

其中，f_t、f_c 分别为岩石的单轴抗拉、压强度。当沿主轴 2 方向单轴拉、压时，同理有

$$\begin{cases} a_2 = -\dfrac{a_{10}}{f_t f_c} \\ a_8 = \dfrac{f_t - f_c}{f_t f_c} a_{10} \end{cases}$$

(3.12)

当沿主轴 3 方向单轴拉、压时，同理有

$$\begin{cases} a_3 = -\dfrac{a_{10}}{f_t f_c} \\ a_9 = \dfrac{f_t - f_c}{f_t f_c} a_{10} \end{cases}$$

(3.13)

将 (3.11) ～ (3.13) 式代入 (3.10) 式，然后再对 (3.10) 式等号两边同乘以 $-\dfrac{f_t f_c}{a_{10}}$ 之后可得

$$F\left(\underset{\sim}{\sigma}\right) = \sigma_1^2 + \sigma_2^2 + \sigma_3^2 + A_1\sigma_1\sigma_2 + A_2\sigma_2\sigma_3 + A_3\sigma_3\sigma_1 + (f_c - f_t)(\sigma_1 + \sigma_2 + \sigma_3) - f_c f_t = 0$$

(3.14a)

(3.14a) 式即为以促使岩石单元发生破坏的能量的临界值表达式形式给出的岩石破坏准则的一般形式。其中 $A_1 = -\dfrac{a_4}{a_{10}}f_t f_c$，$A_2 = -\dfrac{a_5}{a_{10}}f_t f_c$，$A_3 = -\dfrac{a_6}{a_{10}}f_t f_c$ 为待定系数。(3.14a) 式第二个等号左边的前 7 项之和可视为含有待定成分的因 $\sigma_i(i=1,2,3)$ 的作用而产生的促使岩石单元发生破坏所需消耗能量的表达式，第 8 项 $f_t f_c$ 则可视为在任意应力状态下促使岩石单元发生破坏所需消耗能量的临界值。

将 (3.14a) 及 (3.9) 式代入 (3.2) 式可解得

$$\begin{cases} A_1 = \left[\left.\dfrac{\dot{E}(t)}{\lambda E^2(t)}\right|_{t=0}(\sigma_1^2 + \sigma_2^2 - \sigma_3^2 - 2\mu\sigma_1\sigma_2) - \dfrac{1}{2}(f_c - f_t)(\sigma_1 + \sigma_2 - \sigma_3) - (\sigma_1^2 + \sigma_2^2 - \sigma_3^2)\right]\bigg/\sigma_1\sigma_2 \\[3mm] A_2 = \left[\left.\dfrac{\dot{E}(t)}{\lambda E^2(t)}\right|_{t=0}(-\sigma_1^2 + \sigma_2^2 + \sigma_3^2 - 2\mu\sigma_2\sigma_3) - \dfrac{1}{2}(f_c - f_t)(-\sigma_1 + \sigma_2 + \sigma_3) - (-\sigma_1^2 + \sigma_2^2 - \sigma_3^2)\right]\bigg/\sigma_2\sigma_3 \\[3mm] A_3 = \left[\left.\dfrac{\dot{E}(t)}{\lambda E^2(t)}\right|_{t=0}(\sigma_1^2 - \sigma_2^2 + \sigma_3^2 - 2\mu\sigma_1\sigma_3) - \dfrac{1}{2}(f_c - f_t)(\sigma_1 - \sigma_2 + \sigma_3) - (\sigma_1^2 - \sigma_2^2 + \sigma_3^2)\right]\bigg/\sigma_1\sigma_3 \end{cases}$$

(3.15)

(3.15) 式是当满足 (3.14a) 式（即"准则"）的 $\sigma_i(i=1,2,3)$ 使得 (3.9) 式取驻值时 (3.14a) 式中的待定系数 A_1、A_2、A_3 与 $\sigma_i(i=1,2,3)$ 及 Lagrange 乘子 λ 之间应满足的关系。若设 $\sigma_1 = \sigma_{1r}$，$\sigma_2 = \sigma_{2r}$，$\sigma_3 = \sigma_{3r}$ 为满足 (3.14a) 式（即"准则"）的任意一组具体数值（它们可由岩石的三轴强度实验获得），把它们代入 (3.15) 式，然后再将如此得到的 (3.15) 式和 $\sigma_1 = \sigma_{1r}$，$\sigma_2 = \sigma_{2r}$，$\sigma_3 = \sigma_{3r}$ 一起代入 (3.14a) 式，则可得到确定 (3.15) 式中待定的 Lagrange 乘子 λ 的表达式

$$\frac{1}{\lambda} = \frac{f_t f_c - \dfrac{1}{2}(f_c - f_t)(\sigma_{1r} + \sigma_{2r} + \sigma_{3r})}{\left.\dfrac{\dot{E}(t)}{E^2(t)}\right|_{t=0}\left[\sigma_{1r}^2 + \sigma_{2r}^2 + \sigma_{3r}^2 - 2\mu(\sigma_{1r}\sigma_{2r} + \sigma_{2r}\sigma_{3r} + \sigma_{3r}\sigma_{1r})\right]}$$

(3.16)

将 $\sigma_1 = \sigma_{1r}$、$\sigma_2 = \sigma_{2r}$、$\sigma_3 = \sigma_{3r}$ 及 (3.16) 式代入 (3.15) 式则可得到

$$
\begin{cases}
A_1 = \left\{ \dfrac{\left[f_t f_c - \dfrac{f_c - f_t}{2}(\sigma_{1r} + \sigma_{2r} + \sigma_{3r}) \right](\sigma_{1r}^2 + \sigma_{2r}^2 - \sigma_{3r}^2 - 2\mu\sigma_{1r}\sigma_{2r})}{\sigma_{1r}^2 + \sigma_{2r}^2 + \sigma_{3r}^2 - 2\mu(\sigma_{1r}\sigma_{2r} + \sigma_{2r}\sigma_{3r} + \sigma_{3r}\sigma_{1r})} \right. \\
\qquad \left. + (\sigma_{3r}^2 - \sigma_{1r}^2 - \sigma_{2r}^2) - \dfrac{f_c - f_t}{2}(\sigma_{1r} + \sigma_{2r} - \sigma_{3r}) \right\} \Big/ \sigma_{1r}\sigma_{2r} \\[4mm]
A_2 = \left\{ \dfrac{\left[f_t f_c - \dfrac{f_c - f_t}{2}(\sigma_{1r} + \sigma_{2r} + \sigma_{3r}) \right](\sigma_{3r}^2 + \sigma_{2r}^2 - \sigma_{1r}^2 - 2\mu\sigma_{2r}\sigma_{3r})}{\sigma_{1r}^2 + \sigma_{2r}^2 + \sigma_{3r}^2 - 2\mu(\sigma_{1r}\sigma_{2r} + \sigma_{2r}\sigma_{3r} + \sigma_{3r}\sigma_{1r})} \right. \\
\qquad \left. + (\sigma_{1r}^2 - \sigma_{3r}^2 - \sigma_{2r}^2) - \dfrac{f_c - f_t}{2}(\sigma_{3r} + \sigma_{2r} - \sigma_{1r}) \right\} \Big/ \sigma_{2r}\sigma_{3r} \\[4mm]
A_3 = \left\{ \dfrac{\left[f_t f_c - \dfrac{f_c - f_t}{2}(\sigma_{1r} + \sigma_{2r} + \sigma_{3r}) \right](\sigma_{3r}^2 + \sigma_{1r}^2 - \sigma_{2r}^2 - 2\mu\sigma_{1r}\sigma_{3r})}{\sigma_{1r}^2 + \sigma_{2r}^2 + \sigma_{3r}^2 - 2\mu(\sigma_{1r}\sigma_{2r} + \sigma_{2r}\sigma_{3r} + \sigma_{3r}\sigma_{1r})} \right. \\
\qquad \left. + (\sigma_{2r}^2 - \sigma_{1r}^2 - \sigma_{3r}^2) - \dfrac{f_c - f_t}{2}(\sigma_{1r} + \sigma_{3r} - \sigma_{2r}) \right\} \Big/ \sigma_{1r}\sigma_{3r}
\end{cases} \tag{3.17a}
$$

此时 (3.17a) 式等号右边各项均为已知值,于是将 (3.17a) 式代入 (3.14a) 式则各向同性、线弹性且拉、压强度不等的岩石破坏准则便被完全确定。

显然,(3.17a) 式表明以 (3.14a) 式表示的准则中的待定系数 A_1、A_2、A_3 与促使岩石发生破坏的实际应力状态 $\sigma_1 = \sigma_{1r}$、$\sigma_2 = \sigma_{2r}$、$\sigma_3 = \sigma_{3r}$ 有关。由 (3.17a) 式可以看出,对于确定的 f_c、f_t 及 μ 而言,A_1、A_2、A_3 实际上是由满足 (3.14a) 式(即"准则")的 σ_{1r}、σ_{2r}、σ_{3r} 并使 (3.9) 式取驻值来确定的。因此,不同的满足 (3.14a) 式并使 (3.9) 式取驻值的 σ_{1r}、σ_{2r}、σ_{3r} 组合,也就不可能总是对应于同一组 A_1、A_2、A_3 值。这说明以 (3.14a) 式给出的岩石破坏准则统一表达式,在不同的促使岩石发生破坏的实际应力状态(即不同的 σ_{1r}、σ_{2r}、σ_{3r} 组合情况)下,其中的系数 A_1、A_2、A_3 将可能对应于不同的数值。其实研究者们早已发现,即使对同一种材料,也不可能只用一个准则就能实现对该种材料在任意应力状态下的破坏规律的完整描述[12](即"准则"实际上还与应力状态有关)。显然,上面得出的关于不同的满足 (3.14a) 式并使 (3.9) 式取驻值的 σ_{1r}、σ_{2r}、σ_{3r} 组合,"不可能总是对应于同一组 A_1、A_2、A_3 值"的结论,与上述研究者们发现的现象是一致的。而准则 (3.14a) 式中的 A_1、A_2、A_3 可由 (3.17a) 式确定,则相当于具体给出了岩石破坏准则与促使岩石单元发生破坏的不同应力状态之间相互关系的规律。综上可见,以 (3.14a) 式表示的"准则"是一个既考虑了影响材料强度的三个因素又考虑了材料的破坏应受到最小耗能原理规范的"准则"。

3.3　基于最小耗能原理的岩石破坏准则的实验验证

考虑到实验资料的相对可靠和完整,下面采用文献[13]给出的与岩石性能相似的轻骨料砼的实验结果,对以(3.14a)式表示的岩石破坏准则进行实验验证。文献[13]给出的轻骨料砼(其 $f_c = 16.68\,\text{MPa}$, $f_t = 4.28\,\text{MPa}$, $\mu = 0.2$)在 $\sigma_3 : \sigma_1 = 1 : 0.1$ 情况下的六组三轴受压强度实验数据如表 3.1 中 3~5 列所示。

表 3.1　三轴加载情况下实验值与理论值的比较表

编号	应力比 $\sigma_3 : \sigma_2 : \sigma_1$	σ_{1r} / MPa	σ_{2r} / MPa	σ_{3r} / MPa	σ_{8r}	σ_{8T}	τ_{8r}	τ_{8T}	θ_r	θ_T
J_1	1 : 0.1 : 0.1	−2.817	−2.817	−28.170	−11.268	−11.139	11.952	12.044	60°	59.3°
J_2	1 : 0.25 : 0.1	−3.149	−7.873	−31.490	−14.171	−13.943	12.398	12.603	51°	49.9°
J_3	1 : 0.3 : 0.1	−3.100	−9.300	−31.000	−14.467	−14.052	11.962	12.363	47.8°	45.8°
J_4	1 : 0.5 : 0.1	−3.475	−17.375	−34.750	−18.533	−18.541	12.794	12.785	33.695°	33.695°
J_5	1 : 0.75 : 0.1	−3.180	−23.850	−31.800	−19.610	−19.391	12.063	12.361	15.6°	15.2°
J_6	1 : 1 : 0.1	−3.032	−30.320	−30.320	−21.224	−20.646	12.864	13.681	0°	0°

将表 3.1 中 $\sigma_3 : \sigma_2 : \sigma_1 = 1 : 0.5 : 0.1$ 的 $\sigma_{1r} = -3.475\,\text{MPa}$,$\sigma_{2r} = -17.375\,\text{MPa}$,$\sigma_{3r} = -34.750\,\text{MPa}$ 及 $f_c = 16.68\,\text{MPa}$,$f_t = 4.28\,\text{MPa}$ 和 $\mu = 0.2$ 代入(3.17a)式,可求得 $A_1 = 8.135$,$A_2 = -1.264$,$A_3 = -4.048$。于是可得到相应于三轴受压情况下的以(3.14a)式表示的岩石破坏准则为

$$\sigma_1^2 + \sigma_2^2 + \sigma_3^2 + 8.135\sigma_1\sigma_2 - 1.264\sigma_2\sigma_3 - 4.048\sigma_3\sigma_1 + 12.400(\sigma_1 + \sigma_2 + \sigma_3) - 71.390 = 0$$

$$(3.18)$$

现根据表 3.1 给出的实验值对(3.18)式的正确性进行验证。验证的方法是:将(3.18)式中的 σ_1、σ_2、σ_3 中的任意两个(如 σ_1、σ_2)直接用表 3.1 中的同一应力比情况下的实验值 σ_{1r}、σ_{2r} 代替,然后由(3.18)式可求得相应应力比情况下 σ_{3r} 的理论值 σ_{3rT}。将同一应力比情况下的 σ_{1r}、σ_{2r}、σ_{3rT} 及 σ_{1r}、σ_{2r}、σ_{3r} 代入 $\sigma_8 = \dfrac{1}{3}(\sigma_1 + \sigma_2 + \sigma_3)$,$\tau_8 = \dfrac{1}{3}\sqrt{(\sigma_1 - \sigma_2)^2 + (\sigma_2 - \sigma_3)^2 + (\sigma_3 - \sigma_1)^2}$ 和 $\cos\theta = \dfrac{2\sigma_1 - \sigma_2 - \sigma_3}{3\sqrt{2}\tau_8}$,则可求得相应情况下的 σ_8、τ_8 和 Lode 角 θ 的理论值 σ_{8T}、τ_{8T}、θ_T 和实验值 σ_{8r}、τ_{8r}、θ_r,其结果均列在表 3.1 中。由表 3.1 可见,以(3.18)式表示的准则对应力比为 1 : 0.5 : 0.1 的情况而言,理论值与实验值基本上完全一样,对其他应力比情况而言,理论值与实验值都十分接近,从而验证了准则的正确性。有关准则正确性的更多验证,可参见文献[1]和[2]的第 3 章。

　　另外，由 3.2 节建立"准则"的推导过程可见，虽然以 (3.14a) 式表示的"准则"并不像现有的如 1.2 节所述的各种岩石和砼强度准则那样，都是分别以各种不同的数学模型去拟合由实验获得的岩石和砼在主应力空间的破坏包络面的主要特征的结果，而是在认为"准则"应与影响岩石强度的三因素 (即岩石破坏前、后的性能以及促使岩石发生破坏的应力状态) 有关的条件下，根据最小耗能原理推导出来的结果。然而文献 [1] 和 [2] 却以实例证明了以 (3.14a) 式表示的准则，与通过大量真三轴强度实验资料归纳出来的岩石和砼在主应力空间破坏包络面的主要特征 (详见 1.2 节) 极其一致。显然，这绝对不是一种巧合，而是基于最小耗能原理的岩石破坏准则确实能够客观地反映岩石和砼破坏规律的一种体现。因为如 1.2 节所述，现有的各种岩石和砼的强度准则，能够与岩石和砼在主应力空间的破坏包络面的主要特征相符，都是"准则"的研究者们通过拟合而刻意"制造"出来的，而基于最小耗能原理的岩石破坏准则，与上述"破坏包络面"的主要特征相符，则是因为要求岩石和砼的破坏应受到最小耗能原理规范的自然结果。

　　最后指出：可以证明对于通过实验获得并可由 (3.17a) 式确定 A_1、A_2、A_3 的促使岩石发生破坏的应力状态 σ_{1r}、σ_{2r}、σ_{3r} 而言，它必定会完全精确地满足以 (3.14a) 式表示的"准则"，现证明如下：

　　将 $\sigma_1 = \sigma_{1r}$、$\sigma_2 = \sigma_{2r}$、$\sigma_3 = \sigma_{3r}$ 代入 (3.14a) 式可得

$$\sigma_{1r}^2 + \sigma_{2r}^2 + \sigma_{3r}^2 + A_1\sigma_{1r}\sigma_{2r} + A_2\sigma_{2r}\sigma_{3r} + A_3\sigma_{3r}\sigma_{1r} + (f_c - f_t)(\sigma_{1r} + \sigma_{2r} + \sigma_{3r}) - f_c f_t = 0 \quad (3.14b)$$

另由 (3.17a) 式有

$$
\begin{cases}
A_1\sigma_{1r}\sigma_{2r} = \dfrac{\left[f_c f_t - \dfrac{f_c - f_t}{2}(\sigma_{1r} + \sigma_{2r} + \sigma_{3r})\right]\left(\sigma_{1r}^2 + \sigma_{2r}^2 - \sigma_{3r}^2 - 2\mu\sigma_{1r}\sigma_{2r}\right)}{\sigma_{1r}^2 + \sigma_{2r}^2 + \sigma_{3r}^2 - 2\mu(\sigma_{1r}\sigma_{2r} + \sigma_{2r}\sigma_{3r} + \sigma_{3r}\sigma_{1r})} + \left(\sigma_{3r}^2 - \sigma_{1r}^2 - \sigma_{2r}^2\right) \\
\qquad\qquad - \dfrac{f_c - f_t}{2}(\sigma_{1r} + \sigma_{2r} - \sigma_{3r}) \\[2ex]
A_2\sigma_{2r}\sigma_{3r} = \dfrac{\left[f_c f_t - \dfrac{f_c - f_t}{2}(\sigma_{1r} + \sigma_{2r} + \sigma_{3r})\right]\left(\sigma_{3r}^2 + \sigma_{2r}^2 - \sigma_{1r}^2 - 2\mu\sigma_{2r}\sigma_{3r}\right)}{\sigma_{1r}^2 + \sigma_{2r}^2 + \sigma_{3r}^2 - 2\mu(\sigma_{1r}\sigma_{2r} + \sigma_{2r}\sigma_{3r} + \sigma_{3r}\sigma_{1r})} + \left(\sigma_{1r}^2 - \sigma_{3r}^2 - \sigma_{2r}^2\right) \\
\qquad\qquad - \dfrac{f_c - f_t}{2}(\sigma_{3r} + \sigma_{2r} - \sigma_{1r}) \\[2ex]
A_3\sigma_{3r}\sigma_{1r} = \dfrac{\left[f_c f_t - \dfrac{f_c - f_t}{2}(\sigma_{1r} + \sigma_{2r} + \sigma_{3r})\right]\left(\sigma_{3r}^2 + \sigma_{1r}^2 - \sigma_{2r}^2 - 2\mu\sigma_{1r}\sigma_{3r}\right)}{\sigma_{1r}^2 + \sigma_{2r}^2 + \sigma_{3r}^2 - 2\mu(\sigma_{1r}\sigma_{2r} + \sigma_{2r}\sigma_{3r} + \sigma_{3r}\sigma_{1r})} + \left(\sigma_{2r}^2 - \sigma_{1r}^2 - \sigma_{3r}^2\right) \\
\qquad\qquad - \dfrac{f_c - f_t}{2}(\sigma_{1r} + \sigma_{3r} - \sigma_{2r})
\end{cases}
$$

$$(3.17b)$$

将(3.17b)式代入 $A_1\sigma_{1r}\sigma_{2r} + A_2\sigma_{2r}\sigma_{3r} + A_3\sigma_{3r}\sigma_{1r}$ 可得

$$A_1\sigma_{1r}\sigma_{2r} + A_2\sigma_{2r}\sigma_{3r} + A_3\sigma_{3r}\sigma_{1r} = f_c f_t - (\sigma_{1r}^2 + \sigma_{2r}^2 + \sigma_{3r}^2) - (f_c - f_t)(\sigma_{1r} + \sigma_{2r} + \sigma_{3r})$$

$$(3.17c)$$

再将(3.17c)式代入(3.14b)式可得 0=0，于是以上命题得证。对实际受力的岩体而言，其中每一点的应力状态都可能不同，显然我们不能指望找到一个可以完全精确满足各种应力状态的岩石破坏准则(这显然也是现有的任何强度理论都办不到的事)。但正如前面已经看到的那样，对于与确定 A_1、A_2、A_3 的应力状态($\sigma_1 = \sigma_{1r}$、$\sigma_2 = \sigma_{2r}$、$\sigma_3 = \sigma_{3r}$)相差不是很大的一些促使岩石发生破坏的其他应力状态情况而言，以上述 $\sigma_i = \sigma_{ir}$ 确定的 A_i(其中 $i=1,2,3$)表示的基于最小耗能原理的岩石破坏准则，总能在保证一定精度要求的情况下得到近似满足。因此，我们完全可以根据将(3.17a)和(3.14a)式用在主应力空间中分区确定 A_1、A_2、A_3 的方法，来获得适用于各种不同应力状态范围并具有要求精确度的岩石破坏准则，而且这样的"准则"都具有以(3.14a)式表示的统一表达式。

3.4　为什么称"理论"而不称"准则"

3.4.1　基于最小耗能原理的岩石破坏准则包含的信息

(1)由 3.2 节知，以(3.14a)式表示的基于最小耗能原理的岩石破坏准则的物理意义是：它是一个促使代表着岩体中某点的单位体积岩石单元发生破坏所需消耗能量的临界值表达式。其中等号左边前 7 项之和可视为包含有待定成分 A_1、A_2、A_3 的因任意应力状态 σ_i($i=1,2,3$)的作用而产生的促使岩石单元发生破坏所需消耗能量的表达式，第 8 项 $f_c f_t$ 则可视为在与之相应的任意应力状态下促使该岩石单元发生破坏所需消耗能量的临界值。显然，在 f_c、f_t、μ 相同的情况下(即对同一种岩石而言)，由不同的 σ_{ir}($i=1,2,3$)组合(它们可由三轴强度实验获得)按(3.17a)式计算会得到不同的 A_i($i=1,2,3$)组合的事实表明，对于不同的应力状态而言，促使岩石发生破坏所需消耗能量的表达式也是不一样的，但临界值却保持不变，这说明不同应力状态下岩石的破坏规律也会不同。以上观点显然与文献[14]所述的观点并不一致。

(2)由上述"临界值"的表示项 $f_c f_t$ 可见，在任意应力状态下促使代表着岩体中某点的单位体积岩石单元发生破坏所需消耗能量的临界值是一材料常数。可以证明，无论该岩石单元处于何种应力状态下，促使其发生破坏的能量的临界值(即促使该岩石单元发生破坏真正需要消耗的能量)一定总是等于该岩石单元在单向应力状态作用下发生破坏所需消耗的能量值。文献[15]和[32]虽然都以类似的文字叙述了这一重要结论，但却均未给出该结论的证明。现根据基于最小耗能原理的岩石破坏准则，对此重要结论证明如下：

证明　在单轴受力的情况下，以(3.14a)式表示的准则简化为

$$\sigma^2 + (f_c - f_t)\sigma - f_c f_t = 0 \tag{3.19}$$

由(3.19)式可解得

$$\sigma = \begin{cases} f_t & \text{（对应于单轴受拉情况下发生的破坏）} \\ -f_c & \text{（对应于单轴受压情况下发生的破坏）} \end{cases} \tag{3.20}$$

因为(3.14a)式第二个等号左边前 7 项之和表示的是：任意应力状态下的促使岩石单元发生破坏所需消耗能量的表达式；第 8 项 $f_c f_t$ 表示的则是：任意应力状态下促使岩石单元发生破坏所需消耗能量的临界值。在单轴受力时，(3.14a)式等号左边前 7 项之和则化为 $\sigma^2 + (f_c - f_t)\sigma$，由(3.20)式知单轴受拉时岩石单元发生破坏时有 $\sigma = f_t$，单轴受压时岩石单元发生破坏时有 $\sigma = -f_c$，这意味着在单轴受力时，促使岩石单元发生破坏所需消耗的能量为 $\sigma^2 + (f_c - f_t)\sigma$，无论是对受拉或受压情况下的破坏，其临界值都是 $f_c f_t$，也就是说，在任意应力状态下促使岩石单元发生破坏所需消耗能量的临界值 $f_c f_t$，实际上就是在单轴受力情况下促使岩石单元发生破坏所需消耗的能量[$\sigma^2 + (f_c - f_t)\sigma$]的临界值。这样就从理论上证明了文献[15]和[32]未经证明就认定它是正确的上述重要结论。

需要特别指出的是：3.2 节在导出以(3.14a)式表示的"准则"时，实际上已将(3.14a)式中的公因子 $\dfrac{1}{2E}$ 约去了，所以该式中促使单位体积岩石单元破坏所需消耗的能量密度的临界值，应是 $\dfrac{1}{2E}f_c f_t$（即 $f_c f_t$ 还应乘以被约去的公因子 $\dfrac{1}{2E}$，以恢复其为 $\text{MPa} = 10^6\ \text{N/m}^2$ 的能量密度形式的量纲），也就是说真正促使单位体积岩石单元破坏所需消耗的能量密度的临界值是 $\dfrac{1}{2E}f_c f_t$。对于以(3.18)式表示的具体"准则"而言，真正促使该种性能单位体积岩石单元破坏所需消耗的能量密度的临界值应是 $\dfrac{1}{2E}f_c f_t = \dfrac{1}{2 \times 5 \times 10^4} \times 71.39\ \text{MPa} = 713.9\text{N/m}^2$。

(3) 由(3.14a)式表示的"准则"可以看出，以(3.14a)式第二个等号左边前 7 项之和乘以 $\dfrac{1}{2E}$ 表示的因 $\sigma_i (i=1,2,3)$ 的作用而产生的促使表示某点的单位体积岩石单元发生破坏所需消耗的能量，与该单元在 $\sigma_i (i=1,2,3)$ 作用下产生的总弹性应

变比能 $U = \dfrac{1}{2}\sigma_i \varepsilon_i = \dfrac{1}{2E}[\sigma_1^2 + \sigma_2^2 + \sigma_3^2 - 2\mu(\sigma_1\sigma_2 + \sigma_2\sigma_3 + \sigma_3\sigma_1)]$（其中 E 和 μ 分别为岩石的弹性模量和泊松比）并不是一回事（如 1.4.1 节和 1.4.2 节所述 Beltrami 正是将二者混为一谈才导致经典能量理论的失败）。由于岩石在三向受压时的强度远大于单向受力情况下的强度，所以单位体积岩石单元在三向受压且临近破坏时所储存的总弹性应变比能 U 也将远大于单向受力情况下该单位体积岩石单元发生破坏时真正需要消耗的能量（即临界值 $\dfrac{1}{2E}f_{\mathrm{c}}f_{\mathrm{t}}$），因此可以认为：该单位体积岩石单元在 σ_i（i=1,2,3）作用下以（3.14a）式等号左边前 7 项之和表示的促使其发生破坏所真正需要消耗的能量仅是该单元在 σ_i（i=1,2,3）作用下发生破坏前瞬时所储存的总弹性应变比能中的某些特定部分，并且总弹性应变比能 U 将远大于其"临界值" $\dfrac{1}{2E}f_{\mathrm{c}}f_{\mathrm{t}}$。二者之差（即三向受压情况下单位体积岩石单元在临近破坏时所储存的总弹性应变比能，在扣除促使该岩石单元发生破坏时真正需要消耗的能量的临界值 $\dfrac{1}{2E}f_{\mathrm{c}}f_{\mathrm{t}}$ 之后的部分）将以动能的形式释放。以上结论表明：代表着岩体中某点的一个三向受压的单位体积岩石单元，在其发生破坏时总会释放出量值为 $\Delta U = U - \dfrac{1}{2E}f_{\mathrm{c}}f_{\mathrm{t}}$ 的动能（其中 U 为发生破坏前瞬时单位岩体单元因荷载作用而储存的总弹性应变比能）。

(4) 自 Jaeger[16] 于 1967 年提出岩石破裂依赖于应力途径的可能性是一个需要讨论的问题之后，一些学者对不同应力途径下岩石的破坏情况开展了实验研究[17-20]，进而一些学者对卸载情况下的岩石力学性能也进行了研究[21-31]。结果表明，"卸载"有可能导致岩体破坏并引发岩爆。但迄今为止，尚缺少一个判定究竟在什么样的卸载路径下"卸载"才会导致岩石破坏的"准则"。本章建立的基于最小耗能原理的岩石破坏准则表明，它具有判定究竟在什么样的条件下"卸载"就会导致岩石破坏的功能。

已如前述，在将岩石视为各向同性、线弹性且拉、压强度不等材料的情况下，根据最小耗能原理可推得相应情况下的以（3.14a）式表示的岩石破坏准则，其中的待定系数 A_1、A_2、A_3 可根据岩石强度试验所得结果 $(\sigma_{1\mathrm{r}}, \sigma_{2\mathrm{r}}, \sigma_{3\mathrm{r}})$ 由（3.17a）式确定。因为由强度试验所得的破坏应力（即（3.17a）式中的 $\sigma_{1\mathrm{r}}, \sigma_{2\mathrm{r}}, \sigma_{3\mathrm{r}}$）可能是任意数值的组合，所以（3.14a）式中的 A_1、A_2、A_3 就有可能取正、负数中的各种可能值。例如在本章 3.3 节所设定的情况下得到的以（3.18）式表示的准则，其中的 A_1 为正值，而 A_2、A_3 则为负值。如前所述，（3.18）式第二个等号左边前 7 项之和的物理意义是：促使该岩石单元发生破坏所需消耗能量的表达式；而第 8 项 $f_c f_t = 71.390$ 的物理意义则是：促该岩石单元发生破坏所需消耗能量的临界值（前述 (3.14a) 及 (3.18) 式中的公因子 $\dfrac{1}{2E}$ 已被约去了）。显然，当以 (3.18) 式表示的准则等号左边前 7 项之和小于临界值 71.390 时，该岩石单元就不会发生破坏，只有当 (3.18) 式等号左边前 7 项之和等于或大于临界值 71.390 时，该岩石单元才会发生破坏。例如，若作用于该岩石单元的三个主应力为 $\sigma_1 = -7.0$、$\sigma_2 = -17.0$、$\sigma_3 = -35.0$，则可求得以 (3.18) 式表示的准则等号左边前 7 项之和为 55.625，它小于临界值 71.390，该岩石单元处于安全状态。若因某种原因而导致该岩石单元卸载，例如在 σ_2、σ_3 保持不变的情况下，σ_1 由 -7.0 卸载至零，则此时 (3.18) 式等号左边前 7 项之和就由 55.625 增加至大于临界值 71.390 的 117.120，这表明在上述卸载过程中，该岩石单元会因"卸载"而发生破坏。显然，基于最小耗能原理的岩石破坏准则所具有的这种功能，对研究采矿或修建地下工程时因开挖"扰动"及卸载而导致的所谓动静组合加载情况的安全问题具有实际意义。

　　(5) 文献 [32] 指出：在工程实践中有相当一部分岩石，如矿岩的开挖，特别是深部采矿中，矿岩在承受动荷载作用之前已经处于一定的静应力或地应力状态之中。然而，开挖导致的动荷载对静应力作用下岩石破坏准则的影响的研究显得相对不足，因此，岩石在这些动静组合载荷下的破坏准则的研究应该引起人们的足够重视。文献 [33] 指出：目前对于动静组合加载问题，在理论上主要研究了一维动静组合加载时动静组合加载下岩石破坏的损伤、突变和断裂机制及动静组合加载下岩石的本构模型和强度破坏准则。

　　笔者认为：在将开挖扰动应力视为与开挖掘进时间历程有关的条件下，基于最小耗能原理的岩石破坏准则，实际上有可能用于研究所谓"动静组合加载"下的岩石破坏情况。因为已如前述，该准则能反映不同的加、卸载路径对岩石破坏情况的影响。若把开挖掘进之前的初始地应力场视为岩体单元承受的"静载"；把开挖掘进造成的自由面上的卸载及因此而导致的应力重分配视为突加荷载；把因在持续开挖掘进下引起的应力变化视为是由与开挖掘进过程有关的动荷载所引起。于是，只要能够计算出岩石单元在上述加、卸载过程中任意时刻的组合应力状态，则由该"准则"即可将岩石单元首次满足"准则"的组合应力状态（无论该应力状态是经何种加、卸载路径获得）出现的时刻确定为导致该岩石单元在"动静组合加载"情况下发生破坏的时刻。因此，基于最小耗能原理的岩石破坏准则，也可以认为是在岩石可视为各向同性、线弹性且拉、压强度不等材料情况下的"动静组合加载下的岩石破坏准则"。如果包括突加荷载在内的动荷载对应力状态变化的影响缓慢(如采用钻爆法施工的情况)，则可不计动力效应对应力状态的影响。对应力状态变化影响较大的动荷载(如采用 TBM 方法施工的情况)，则可用动载系数对将动载视为"瞬时静载"之后求得的应力状态进行修正的方法予以考虑。

(6)文献[34]应用 Murrell 将平面格里菲斯理论推广到三维情况得到的破裂判据

$$\begin{cases} (\sigma_1 - \sigma_2)^2 + (\sigma_1 - \sigma_3)^2 + (\sigma_2 - \sigma_3)^2 = 24 f_t(\sigma_1 + \sigma_2 + \sigma_3) \\ \sigma_1 = -f_c, \quad \sigma_2 = -f_c, \quad \sigma_3 = -f_t \end{cases} \tag{3.21}$$

(其中主应力 σ_i ($i=1,2,3$) 以压为正，f_c、f_t 分别为岩石的单轴抗压、拉强度)，较好地解释了开挖面附近产生薄片状、刀口状破裂现象的原因。注意到，若将(3.21)式中第一式展开，可得

$$\sigma_1^2 + \sigma_2^2 + \sigma_3^2 - (\sigma_1\sigma_2 + \sigma_2\sigma_3 + \sigma_3\sigma_1) - 12 f_t(\sigma_1 + \sigma_2 + \sigma_3) = 0 \tag{3.22}$$

再注意到 3.4.1 节之(2)，即在单轴受力的情况下以(3.14a)式表示的准则简化为(3.19)式，而由(3.19)式则可解得(3.20)式，而(3.20)式则相当于在单轴受力下基于最小耗能原理的岩石破坏准则蜕化为 $\sigma_i = -f_c$ 或 $\sigma_i = f_t$ (其中 i 可取 1，2，3 中任意一个，且主应力以拉为正)。由此可见，(3.21)式实际上可视为以(3.14a)式表示的基于最小耗能原理的岩石破坏准则的一种特例。因此，可以认为本章建立的基于最小耗能原理的岩石破坏准则是一个更具普遍意义的岩石破坏准则。

3.4.2　所谓"岩石破坏理论"的行为

如本书 1.2 节所述：现有的一些具有代表性并为工程界接受的各种岩石破坏准则，不是通过观察岩石破坏现象提出的某种假设就是通过拟合实验结果得到的一些经验公式。而本章建立的基于最小耗能原理的岩石破坏准则，则是一个从自然界的普适性原理出发，经严格推演得到的准则，并且该准则还包含着如前所述的丰富的信息和内涵。鉴于此，本章将以上准则及其所包含的信息和内涵统称为基于最小耗能原理的岩石破坏理论。

参 考 文 献

[1] 周筑宝. 最小耗能原理及其应用. 北京：科学出版社，2001.

[2] 周筑宝、唐松花. 最小耗能原理及其应用(增订版). 长沙：湖南科学技术出版社，2012.

[3] 蔡勇. 基于最小耗能原理的砌体抗剪强度统一模式. 中南大学学报(自然科学版)，2007，38(5)：993-999.

[4] 田云德, 秦世伦. 运用最小耗能原理对梯度材料强度准则的探讨. 科学创新导报, 2007, (32): 2, 3.

[5] 王宝来, 温风春, 梁军. 基于最小耗能原理的复合材料强度问题研究. 第 14 届全国复合材料学术会议论文集(下), 2006: 903-907.

[6] 邱战洪, 张我华, 陈云敏. 基于最小耗能原理的黏弹塑性损伤模型. 岩土力学(增刊), 2007, (28): 160-164.

[7] 杨大勇, 高玮. 基于最小耗能原理的岩块损伤演变研究. 金属矿山, 2008, (87): 24-26.

[8] 刘滨. 基于最小耗能原理的岩爆孕育发生机理研究. 中国科学院武汉岩土研究所博士学位论文, 2009.

[9] 李正军. 基于最小耗能原理水力压裂裂缝启裂及扩展规律研究. 东北石油大学博士学位论文, 2011.

[10] 王红. 基于最小耗能原理的弹塑性本构及裂缝扩展的数值仿真. 暨南大学博士学位论文, 2012.

[11] 勒迈特. 损伤力学教程. 北京: 科学出版社, 1996.

[12] 皮萨林科 Γ C, 列别捷夫 A A. 复杂应力状态下的材料变形与强度. 北京: 科学出版社, 1983.

[13] 宋玉普, 赵国藩, 彭放, 等. 三轴受压状态下轻骨科砼的强度特性. 水利学报, 1993, 6: 10-16.

[14] 谢和平, 鞠杨, 黎立云. 基于能量耗散与释放原理的岩石强度与整体破坏准则. 岩石力学与工程学报, 2005, 24(17): 3003-3010.

[15] 赵阳升, 冯增朝, 万志军. 岩体动力破坏的最小能量原理. 岩石力学与工程学报, 2003, 22(11): 1781-1783.

[16] Jaeger J C. Brittle Fracture of Rocks, Proceedings of Eighth Symp. on Rock Mechanics. Boltimore: Port city Press, 1967: 3-57.

[17] Swanson R S, Brown W S. An observation of loading path independence of fracture in rock. Int. J. Rock Mech. Min. Sci., 1971, 8(3): 277-281.

[18] 陈颙, 姚孝新, 耿乃光. 应力途径、岩石的强度和体积膨胀. 中国科学, 1979, 11: 1093-1100.

[19] 耿乃光, 陈颙, 姚孝新. 岩石强度与应力途径. 力学学报, 1981, 5: 525-527.

[20] 许东俊, 耿乃光. 岩体变形和破坏的各种应力途径. 岩土力学, 1986, 7(2): 17-24.

[21] 李斌, 王兰生. 卸载应力状态下玄武岩变形破坏特征的试验研究. 岩土力学与工程学报, 1993, 12(14): 231-327.

[22] 吴刚, 孙钧, 吴中如. 复杂应力状态下完整岩石卸荷破坏的损伤力学分析. 河海大学学报, 1997, 25(3): 44-49.

[23] 陶履彬, 夏才初, 陆益鸣. 三峡工程花岗岩全过程特性的试验研究. 同济大学学报, 1998, 26(2): 330-334.

[24] 凌建明, 刘晓军. 卸载条件下地下洞室围岩稳定的损伤力学分析方法. 石家庄铁道学院学

报，1998，11(4)：10-15.

[25] 高玉春，徐进，何鹏，等. 大理岩加卸载力学特征的研究. 岩石力学与工程学报，2005，24(3)：456-460.

[26] 李宏哲，夏才初，闫子航，等. 锦屏水电站大理岩在高应力条件下的卸荷力学特性研究. 岩石力学与工程导报，2007，26(10)：2014-2019.

[27] 黄润秋，黄达. 卸荷条件下岩石变形特征及本构关系模型研究. 地球科学进展，2008，23(5)：441-447.

[28] 徐林生. 卸荷状态下岩爆岩石力学试验. 重庆交通学院学报，2003，22(1)：1-4.

[29] 崔栋梁，李夕兵，叶洲元. 卸荷状态下岩爆分析综述及展望. 岩土工程技术，2006，20(3)：154-158.

[30] 张黎明，王在泉，贺俊征. 岩石卸荷破坏与岩爆效应. 西安建筑科技大学学报，2007，39(1)：110-114.

[31] 吴顺川，周喻，高斌. 卸载岩爆试验及 PFC[3D] 数值模拟研究. 岩石力学与工程学报，2010，29(增2)：4082-4088.

[32] 李夕兵，左宇军，马春德. 动静组合加载下岩石破坏的应变能密度准则及突变理设分析. 岩石力学与工程学报，2005，24(16)：2814-2824.

[33] 左宇军，李夕兵，唐春安，等. 二维动静组合加载下岩石破坏的试验研究. 2006，25(9)：1809-1819.

[34] 伍法权，伍劼，祁生文. 关于脆性岩体岩爆成因的理论分析. 工程地质学报，2010，18(5)：589-595.

第 4 章　岩爆机理探索

4.1　岩爆现象的主要特征

岩爆是一种物理现象，因此其定义应是对现象的描述。综合 1.5 节中"1.5.1 关于岩爆的定义"可见，岩爆现象具有如下一些主要特征：

(1)岩爆是由在地层深部挖掘巷道或洞室，因开挖扰动及新形成的巷道或洞室自由面被卸载而产生扰动应力，在该扰动应力与开挖掘进之前已有的初始地应力二者的组合应力状态作用下，围岩发生的破坏而引发。需要指出的是，上述原因只是引发岩爆的必要条件，也就是说如果不进行开挖扰动，就不会发生岩爆，但开挖扰动并导致了围岩破坏却不意味着一定会发生岩爆。

(2)只有在上述组合应力状态作用下导致围岩破坏的同时，还发生了像爆炸(有巨大响声、有围岩的爆裂剥落和碎块的抛射)一样的猛烈能量释放，才能认为上述开挖扰动及围岩破坏引发了岩爆。但目前还无法从理论上判定究竟在何种情况下开挖扰动造成的围岩破坏会导致猛烈的能量释放，而在何种情况下则不会导致猛烈的能量释放。

(3)在埋深大及较为完整和硬脆地层岩体内的巷道或洞室挖掘过程中，会频繁地发生岩爆，但究竟埋深多大，岩体完整和硬脆到何种程度才会导致岩爆的频繁发生也还没有定论。

(4)工程实践表明，同一地区、同一地应力场、同种岩石而且地形条件也相近的同一条隧道，并不是在其每一段都会发生岩爆，而是有的地段可能会发生岩爆，有的地段则不发生，有的地段可能发生强烈岩爆，有的地段则只发生较弱岩爆。

显然，以上情况表明岩爆具有很强的不确定性，因此岩爆机理的探索是一件非常复杂和困难的事情，至今仍是一个公认的世界性难题。所谓岩爆机理，是指对岩爆现象的理论解释。本章将以根据最小耗能原理和基于最小耗能原理的岩石破坏理论对岩爆现象的主要特征进行理论解释的方式探索岩爆机理。

4.2　在什么情况下初始地应力与开挖掘进形成的巷道或洞室自由面被卸载而引起的扰动应力二者的组合应力状态会导致围岩发生破坏

已如前述，在开挖扰动导致的组合应力状态作用下造成的围岩破坏，是引发岩爆的必要条件。未经开挖扰动的地层和岩体中稳定的天然洞穴，是不会发生岩爆的。那么究竟在什么情况下进行开挖掘进才会导致围岩发生破坏呢？由于开挖掘进是对开挖前初始地应力状态的一种扰动，这种扰动是以开挖后形成的巷道或洞室自由面被卸载，并因此而产生扰动应力的形式来体现的，因此开挖之后的围岩应力状态应是上述初始地应力和扰动应力二者的组合应力状态。显然，如果我们能够从理论上确定这种组合应力状态，并且还能据此从理论上判定这种组合应力状态是否会导致围岩发生破坏，也就等于从理论上解决了在什么情况下开挖掘进肯定不会引发岩爆，而在什么情况下开挖掘进有可能引发岩爆的问题。之所以说"有可能"，是因为开挖扰动导致围岩破坏仅是引发岩爆的必要条件。众所周知，所谓必要条件就是"有之不必然，无之必不然"的条件。

下面在岩石可视为各向同性、线弹性且拉、压强度不等材料的条件下讨论"在什么情况下初始地应力与开挖掘进形成的巷道或洞室自由面被卸载而引起的扰动应力二者的组合应力状态会导致围岩发生破坏"的问题。由于这个问题与初始地应力有关，所以首先讨论仅考虑自重作用下的地层深部应力状态（即初始地应力状态）的分析问题；其次研究初始地应力与因开挖扰动而产生的扰动应力二者的组合应力状态应如何确定的问题；最后讨论在组合应力状态作用下围岩是否会发生破坏的问题。

4.2.1　仅考虑自重作用下的地层深部应力状态（即初始地应力状态）的理论分析

在将地层岩石视为各向同性、线弹性均质体的情况下，若不考虑开挖扰动而只考虑自重的作用（即开挖掘进之前的情况），则地层深部的初始地应力状态可视为是在 $\sigma_1 = \sigma_2 = \sigma$ 的水平向均匀围压 σ 及垂直向压应力 σ_3 作用下的三向受压状态，由广义胡克定律有

$$\varepsilon = \frac{1}{E}\left[\sigma - \mu(\sigma + \sigma_3)\right] = \frac{1}{E}\left[(1-\mu)\sigma - \mu\sigma_3\right] \tag{4.1}$$

其中，ε 为沿水平方向的应变；E 为弹性模量；μ 为泊松比。设应变 ε 完全受到

约束(即令 ε =0)，则由(4.1)式有

$$\sigma = \frac{\mu}{1-\mu}\sigma_3 = \frac{\mu}{1-\mu}\gamma h \tag{4.2}$$

其中，γ 为地层的岩石容重；h 为所研究点距地表的深度。设 γ = 2.4 t/m³、μ =0.2，则由(4.2)式可求得相应 h 情况下的 σ_3 及 σ（即初始地应力状态），如表 4.1 所示。

表 4.1　不同 h 情况下的 σ_3 及 σ

h/m	500	1000	1030	1500	2000	2500
σ_3 /MPa	−12	−24	−24.72	−36	−48	−60
σ/MPa	−3	−6	−6.18	−9	−12	−15

需要指出的是，地层在开挖掘进之前的初始地应力状态，不仅与自重有关，而且与因地球构造运动产生的构造应力场有关。初始地应力场应是自重与构造应力场二者的叠加。但构造应力场与地域有关，不同地域的构造应力场可能会有很大的差别。鉴于构造应力场的不确定性，所以其对初始地应力状态的贡献就难以通过理论分析予以确定。通常的做法是，对在构造应力场影响较大的地域，采用实测的方法来确定初始地应力场。故对需要考虑构造应力场影响的地域，初始地应力状态应以实测的初始地应力场为准，而不能采用上述只考虑自重作用的理论分析结果。

4.2.2　因开挖掘进形成的巷道或洞室自由面被卸载而引起的扰动应力与初始地应力二者的组合应力状态的理论分析

要精确计算初始地应力与开挖扰动应力二者的围岩组合应力状态相当复杂和麻烦。它需要先通过计算或实测来求出在开挖扰动之前的初始地应力场，然后将与作用于开挖掘进形成的巷道或洞室自由面上的初始地应力状态相应的正应力和剪应力反号(即将为正的应力变为负的应力或反之)，并将反号后的正应力和剪应力作为作用于巷道或洞室自由面上的边界分布荷载，同时在不考虑岩石自重的情况下计算出在此边界分布荷载作用下巷道或洞室附近围岩的扰动应力场，再将此扰动应力场与未开挖扰动之前的初始地应力场叠加才能得到我们需要的组合应力场。

考虑到相对于尺寸巨大的地层而言，在其中开挖的巷道或洞室尺寸仅是一个小量，所以开挖扰动、卸载导致的扰动应力的影响范围有限，即它仅对巷道或洞室附近区域的应力产生影响。因此，由初始地应力状态与开挖扰动应力二者组合构成的组合应力状态，就可按孔附近的应力集中理论进行计算[1, 2]。例如，在可视为平面问题的情况下，开挖掘进形成的巷道截面边界及其附近的由初始地应力

与开挖扰动、卸载引起的扰动应力二者的组合应力状态情况，根据孔附近的应力集中理论[1, 2]，就可由将开挖之前巷道截面形心处初始地应力状态在截面内的两个主应力（如 σ_3、σ_2）作为具有该截面形状孔口的无限大薄板（或长柱体），在其无穷远处的均布荷载（$q_1 = \sigma_3$，$q_2 = \sigma_2$）作用下的该无限大薄板（或长柱体）中孔口边界及其附近的应力分布情况确定。现以挖掘圆形巷道为例说明如下：

关于圆形截面巷道边界处的初始地应力与开挖扰动应力二者的组合应力状态分析：由文献[1]知，具有圆孔的无限大薄板（或长柱体），若只在左、右两边的无穷远处承受均布荷载 q 作用（图 4.1(a)），则其沿圆孔边界（即图 4.1(b) 所示 $r = a$ 的圆周上）的切向正应力（图 4.1(b) 为放大后的圆形巷道截面）

$$\sigma_\theta = q\left(1 - 2\cos 2\theta\right) \tag{4.3}$$

于是按叠加法并注意到问题的对称性，即可推得在图 4.2(a) 所示荷载情况下圆孔边界（即 $r = a$）上 $A(\theta = 0)$，$B\left(\theta = \pm\dfrac{\pi}{6}\right)$，$C\left(\theta = \pm\dfrac{\pi}{4}\right)$，$D\left(\theta = \pm\dfrac{\pi}{3}\right)$，$E\left(\theta = \pm\dfrac{\pi}{2}\right)$ 各点处（图 4.2(b)）的切向正应力 σ_θ 如表 4.2 所示。

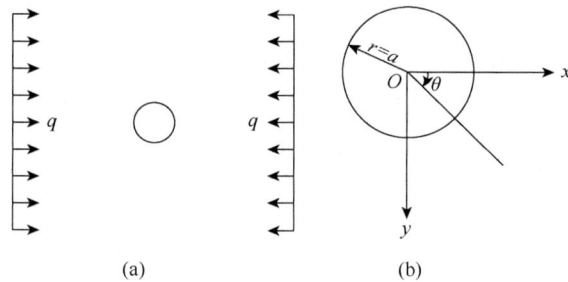

图4.1　具有圆孔的无限大薄板（或长柱体）在单向受力情况下孔附近应力集中问题的计算模型

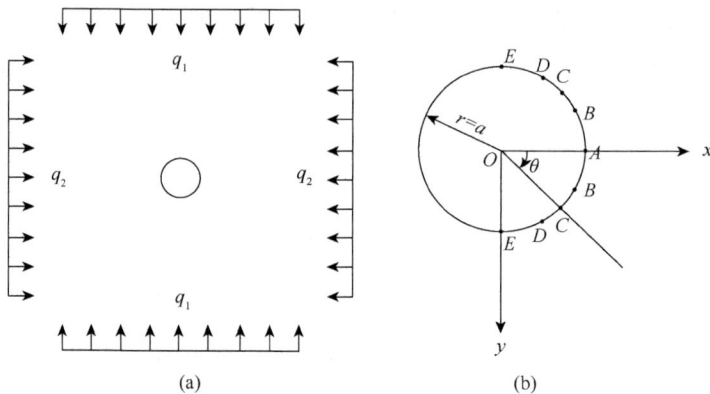

图4.2　具有圆孔的无限大薄板（或长柱体）在双向受力情况下孔附近应力集中问题的计算模型

表 4.2　在图 4.2 (a) 所示荷载作用下圆孔边界 ($r=a$) 上 A、B、C、D、E 各点

（它们分别对应 $\theta = 0$ 、 $\pm\dfrac{\pi}{6}$ 、 $\pm\dfrac{\pi}{4}$ 、 $\pm\dfrac{\pi}{3}$ 、 $\pm\dfrac{\pi}{2}$ ）的 σ_θ

点	A	B	C	D	E
σ_θ	$3q_1 - q_2$	$2q_1$	$q_1 + q_2$	$2q_2$	$3q_2 - q_1$

由 4.2.1 节可知，在只考虑岩体自重作用且泊松比 $\mu = 0.2$ 的情况下有：圆形截面形心处的 $\sigma_3 = q_1 = \gamma h$（其中 γ 为岩石容重，h 为圆形截面形心距地面的深度），$\sigma_2 = q_2 = \dfrac{\mu}{1-\mu} q_1 = \dfrac{1}{4}\gamma h$ 。于是由表 4.2 可见，在图 4.2 (a) 所示荷载作用下，圆孔边界上 σ_θ 的最大压应力发生在 A 点（即 $\theta = 0°$）处，且压应力值随 θ 角沿正负方向的增加而减小，并在 $\theta = \pm\dfrac{\pi}{2}$ 时（即 E 点处）变为处于受拉状态。设 $\gamma = 2.4\,\text{t/m}^3$ 即可求得不同深度 h 处的 q_1、q_2，如表 4.3 所示。

表 4.3　不同 h 情况下的 q_1 及 q_2

h/m	250	300	340	350	400	450	470	480	500
q_1/MPa	−6	−7.2	−8.16	−8.4	−9.6	−10.8	−11.28	−11.52	−12.00
q_2/MPa	−1.5	−1.8	−2.04	−2.1	−2.4	−2.7	−2.82	−2.88	−3.00
h/m	515	650	700	760	770	1500	1800	1900	1920
q_1/MPa	−12.36	−15.6	−16.8	−18.24	−18.48	−36	−43.2	−45.6	−46.08
q_2/MPa	−3.09	−3.9	−4.2	−4.56	−4.62	−9	−10.8	−11.4	−11.52

根据表 4.2 和表 4.3，即可求得圆形截面巷道边界上 A、B、C、D、E 各点在不同 h 处的切向正应力 σ_θ 的具体数值。由于巷道边界为自由面，所以在包含 A、B、C、D、E 各点在内的边界上有 $\sigma_r = 0$。故在平面应变的条件下，若设泊松比 $\mu = 0.2$ 以及设 z 为巷道轴线方向，则由 $\varepsilon_z = \dfrac{1}{E}[\sigma_z - \mu(\sigma_r + \sigma_\theta)] = 0$ 即可求得 A、B、C、D、E 各点的 $\sigma_z = \mu\sigma_\theta = 0.2\sigma_\theta$。于是可得到 A、B、C、D、E 各点在不同 h 情况下的 σ_θ、σ_z、σ_r（显然，它们应是主应力，并且已如前述，它们同时也是初始地应力与开挖扰动，卸载引起的扰动应力二者的组合应力状态）值如表 4.4~表 4.8 所示。

表 4.4　A 点在不同 h 情况下的组合应力值

h/m	250	300	340	350
$\sigma_\theta = 3q_1 - q_2 /\text{MPa}$	−16.50	−19.80	−22.44	−23.10
$\sigma_z = 0.2\sigma_\theta /\text{MPa}$	−3.30	−3.96	−4.49	−4.62
σ_r /MPa	0	0	0	0

表 4.5 B 点在不同 h 情况下的组合应力值

h/m	400	450	470	480
$\sigma_\theta = 2q_1$ /MPa	−19.20	−21.60	−22.56	−23.04
$\sigma_z = 0.2\sigma_\theta$ /MPa	−3.84	−4.32	−4.51	−4.61
σ_r /MPa	0	0	0	0

表 4.6 C 点在不同 h 情况下的组合应力值

h/m	650	700	760	770
$\sigma_\theta = q_1 + q_2$ /MPa	−19.50	−21.00	−22.80	−23.10
$\sigma_z = 0.2\sigma_\theta$ /MPa	−3.90	−4.20	−4.56	−4.62
σ_r /MPa	0	0	0	0

表 4.7 D 点在不同 h 情况下的组合应力值

h/m	1500	1800	1900	1920
$\sigma_\theta = 2q_2$ /MPa	−18.00	−21.60	−22.80	−23.04
$\sigma_z = 0.2\sigma_\theta$ /MPa	−3.60	−4.32	−4.56	−4.61
σ_r /MPa	0	0	0	0

表 4.8 E 点在不同 h 情况下的组合应力值

h/m	300	400	500	515
$\sigma_\theta = 3q_2 - q_1$ /MPa	1.80	2.40	3.00	3.09
$\sigma_z = 0.2\sigma_\theta$ /MPa	0.36	0.48	0.60	0.62
σ_r /MPa	0	0	0	0

需要指出的是：目前工程上大多先假设已经具有了开挖掘进巷道的孔洞，再计算具有这种孔洞的截面在自重作用下得到的孔洞附近的应力状态，并把这种应力状态作为初始地应力与开挖扰动应力二者的组合应力状态。显然，这种方法虽然相对简单，但与组合应力状态应是在已有初始地应力状态作用的情况下，再将作用在孔洞边界面处相应的初始地应力完全卸载后所得到的最终应力状态的实际情况并不相同，因此本书采用"孔附近的应力集中理论"来确定上述组合应力状态。

4.2.3 根据基于最小耗能原理的岩石破坏准则判定在"组合应力状态"下围岩是否会发生破坏

仍以开挖掘进圆形截面巷道为例进行说明。由 3.3 节知，在假设岩石为各向同性、线弹性且拉、压强度不等材料的条件下，若设其单轴抗拉、压强度分别为 $f_t = 4.28\,\text{MPa}$、$f_c = 16.68\,\text{MPa}$、泊松比 $\mu = 0.2$ 且岩石处于三向受压情况时的基于最小耗能原理的岩石破坏准则如(3.18)式所示，即

$$\sigma_1^2 + \sigma_2^2 + \sigma_3^2 + 8.135\sigma_1\sigma_2 - 1.264\sigma_2\sigma_3 - 4.048\sigma_3\sigma_1 + 12.400(\sigma_1 + \sigma_2 + \sigma_3) - 71.390 = 0$$

$$(3.18)$$

于是根据表 4.4～表 4.8 和以 (3.18) 式表示的"准则"，可分别求得图 4.2(b) 中 A、B、C、D、E 各点在不同 h 情况下的(3.18)式等号左边前 7 项之和 Σ，如表 4.9～表 4.13 所示。

表 4.9　**A 点在不同 h 情况下的 Σ 值**

h/m	250	300	340	350
Σ	−31.20	13.99	62.42	76.32

表 4.10　**B 点在不同 h 情况下的 Σ 值**

h/m	400	450	470	480
Σ	4.50	45.85	65.01	74.97

表 4.11　**C 点在不同 h 情况下的 Σ 值**

h/m	650	700	760	770
Σ	9.00	34.68	69.95	76.32

表 4.12　**D 点在不同 h 情况下的 Σ 值**

h/m	1500	1800	1900	1920
Σ	−12.79	45.86	69.95	74.97

表 4.13　**E 点在不同 h 情况下的 Σ 值**

h/m	300	400	500	515
Σ	35.42	51.07	68.64	71.52

由表 4.9 可见，开挖掘进圆形截面巷道时，在 $h>340\text{m}$ 之后，A 点处将会发生 Σ 大于临界值 71.39 的情况，即在 A 点处岩石将会发生破坏；由表 4.9 及表 4.10 可见，开挖掘进圆形截面巷道时，在 $h>470\text{m}$ 之后，A、B 两点之间的区间内将会发生 Σ 大于临界值 71.39 的情况，即在巷道边界两侧 $\theta = \pm\dfrac{\pi}{6}$ 的范围内围岩将会发生破坏；由表 4.9～表 4.11 可见，开挖掘进圆形截面巷道时，在 $h>760\text{m}$ 之后，A、

B、C 三点区间内将会发生 Σ 大于临界值 71.39 的情况,即在巷道边界两侧 $\theta = \pm \dfrac{\pi}{4}$ 的范围内围岩将会发生破坏;由表 4.9～表 4.12 可见,开挖掘进圆形截面巷道时,在 $h > 1900\text{m}$ 之后,A、B、C、D 四点区间内将会发生 Σ 大于临界值 71.39 的情况,即在巷道边界两侧 $\theta = \pm \dfrac{\pi}{3}$ 的范围内围岩将会发生破坏。

综上可见,在问题设定的条件下开挖掘进圆形截面巷道时,$h > 340\text{m}$ 之后围岩即开始发生破坏,并且随着 h 的增大,围岩破坏的范围也随之增大。

需要指出的是,以上分析:①都是在假定岩石为各向同性、线弹性且拉、压强度不等及其单轴抗拉、压强度、容重和泊松比分别为 $f_t = 4.28\,\text{MPa}$、$f_c = 16.68$ MPa,$\gamma = 2.4\,\text{t/m}^3$,$\mu = 0.2$ 的条件下进行的。②都是在平面应变且只考虑自重作用而未计及构造应力场的条件下进行的。③由于以 (3.18) 式表示的"准则"是根据三向受压(应力比为 $\sigma_3 : \sigma_2 : \sigma_1 = 1 : 0.5 : 0.1$)的情况导出的,因此由 3.3 节知它不适用于双向受拉的 E 点,所以根据表 4.13 并用 (3.18) 式表示的"准则"来分析 E 点是否破坏已不具有实际意义。鉴于"准则"与应力状态有关,因此分析 E 点是否会破坏的"准则",需要根据三向(或两向)受拉的强度实验结果,按 3.3 节中所述的方式给出。考虑到岩石在受拉情况下的强度远低于受压情况下的强度,因此在受拉情况下临近破坏时岩体单元蓄存的总弹性应变能也将远小于受压情况下临近破坏时岩体单元蓄存的总弹性应变能。然而如 3.4 节所述,无论受拉、受压情况下,岩石单元破坏所需消耗能量的临界值却相同,并且在岩石单位体积单元破坏时所能释放的能量为该单位体积单元总弹性应变比能与"临界值"之差。因此,受压情况下岩石单元破坏所能释放的能量将显著大于受拉情况下岩石单元破坏所能释放的能量。④上例只给出了判定在圆形截面巷道边界上围岩可能发生破坏范围的方法,并没有涉及在沿垂直于截面边界深度方向上围岩可能发生破坏的范围问题。显然,只要按圆孔附近应力集中理论计算出圆孔附近区域的组合应力分布情况之后,即可按与前述类似的方法,根据相应的基于最小耗能原理的岩石破坏准则来确定圆形截面巷道附近沿垂直于截面边界深度方向上围岩可能发生破坏的范围,只是此时 σ_r 一般都不会为零,并且也不一定会是主应力。

综上可以看出:①本节给出了在一般情况下如何计算开挖后围岩组合应力状态的方法,并以圆形巷道为例作了说明。②本节给出了在一般情况下如何根据通过计算得到的组合应力状态分布情况及基于最小耗能原理的岩石破坏准则来判定由于开挖扰动将在围岩的什么部位以及在多大范围内会造成围岩破坏,并以圆形巷道为例作了说明。③在所举例题设定的条件下,开挖圆形截面巷道,当埋深大于 340m 之后，巷道两侧围岩将会因受压而发生破坏。于是由 4.1 节之 (1) 可知，在本节所举算例的设定条件下，当埋深小于或等于 340m 时，开挖圆形截面巷道肯定不会引发岩爆。④显然，本节给出的分析方法可用于除了要求岩石为各向同性、线弹性且拉、压强度不等材料之外的一些更为一般情况 (例如任意的弹模、泊松比、容重和抗拉、压强度、不同的埋深以及其他截面形状的巷道或洞室等) 下，来判定究竟在什么样的其他条件下开挖扰动肯定也不会引发岩爆的问题。⑤本节实际上也给出了在将岩石视为各向同性、线弹性且拉、压强度不等材料情况下，根据基于最小耗能原理的岩石破坏准则来判定在开挖扰动作用下巷道或洞室围岩将在一个多大的范围内会发生破坏的一般性分析方法。

还需说明的是，以上的具体分析结果都是以开挖圆形截面巷道为例得到的。由孔附近的应力集中理论知[1, 2]，具体的分析结果 (例如，当 h 小于多少米时就一定不会发生岩爆) 与巷道截面的形状有关。例如，若巷道截面为椭圆形，则其巷道边界在如图 4.3 所示荷载作用下，在与 θ 角对应点处的切向正应力[1] 为

$$\sigma_\theta = q_1 \frac{1-m^2-2m+2\cos 2\theta}{1+m^2-2m\cos 2\theta} + q_2 \frac{1-m^2+2m-2\cos 2\theta}{1+m^2-2m\cos 2\theta}, \quad m = \frac{a-b}{a+b} \quad (4.4)$$

因为椭圆孔的边界为自由面，所以垂直于椭圆孔边界的正应力 (亦即主应力) $\sigma_\rho = 0$。于是对平面应变问题，由广义胡克定律及 $\varepsilon_z = 0$ 即可得到 $\sigma_z = \mu\sigma_\theta$ (其中 μ 为泊松比)，由 4.2.1 节可知，在只考虑岩体自重的情况下，作用于图 4.3 (a) 所示的 q_1、q_2 对距地面不同深度 h 而言可分别由 $q_1 = \gamma h$、$q_2 = \dfrac{\mu}{1-\mu}\gamma h$ 求得 (其中 h 为椭圆的形心距地面的深度)。因此，由 (4.4) 式及 $\sigma_\rho = 0$、$\sigma_z = \mu\sigma_\theta$ 即可完全确定不同 h 情况下椭圆形截面边界上各点的组合应力 σ_θ、σ_ρ 及 σ_z (它们显然都是主应力)。

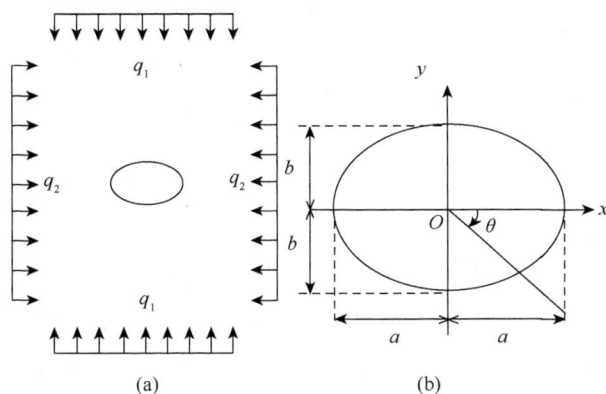

图 4.3　椭圆形巷道的计算模型简图

若岩石的单轴抗拉、压强度、容重及泊松比分别为 $f_t = 4.28\,\text{MPa}$、$f_c = 16.68\,\text{MPa}$、$\gamma = 2.4\,\text{T/m}^3$、$\mu = 0.2$，则将与椭圆形截面边界上不同 θ 角对应点处相应的 $\sigma_\rho = 0$ 及 σ_θ、σ_ρ（它们都与 h 有关）代入准则 (3.18) 式（注意，应根据 σ_θ、σ_ρ、σ_z 的具体数值的正、负及大小，确定它们应为 (3.18) 式 σ_1、σ_2、σ_3 中的哪一个），即可按类似于分析圆形截面巷道的方法对距地面不同深度处开挖掘进椭圆形截面巷道时的情况进行分析。

显然，当 $a = b$ 时（即椭圆蜕变为圆时），有 (4.4) 式中的 $m = \dfrac{a-b}{a+b} = 0$。于是由 (4.4) 式即可得到表 4.2 的结果。

需要指出的是，由于"准则"与应力状态有关，所以对不是处于受压状态（如有拉有压或均为受拉的情况）的组合应力状态作用下的围岩，就不能用 (3.18) 式表示的"准则"进行分析，而需要按 3.3 节所述方式（即用在应力空间分区确定 (3.14a) 式中的 A_1、A_2、A_3 的方法）导出与之相应的"准则"，来对围岩是否会发生破坏以及会在一个多大的范围内发生破坏进行分析。

4.3　根据基于最小耗能原理的岩石破坏理论来判定在开挖扰动造成巷道或洞室围岩破坏时是否会导致猛烈的能量释放（即引发岩爆）

岩石破坏时其中储存的弹性应变能，除一部分转化为促使岩石破坏所需消耗的"耗散能"（例如因破坏形成新表面所需的"表面能"）之外，剩余部分将以动能的形式释放。另外，1.5.3 节介绍的 Cook 等提出的"刚度理论"，实际上指出了除破坏岩体本身会释放能量之外，未破坏区域岩体中储存的弹性应变能也会在巷道或洞室围岩破坏区发生破坏并丧失承载能力的同时被部分释放，因为这相当于使得破坏区与未破坏区的分界面成为自由面而被卸载，从而导致未破坏区储存的弹性应变能被部分释放。以上论点目前已在岩石力学界达成共识。根据这一共识可以解释，为什么在埋深越大、越是硬脆且比较完整的岩体中挖掘巷道或洞室导致的围岩破坏就越有可能引发岩爆。

但鉴于以上共识及其对问题的解释只具有"定性"而不具有"定量"意义，从而使得目前对岩爆现象还无法作出较为精准定量的理论解释。因为开挖扰动导致的巷道或洞室围岩破坏是否会引发岩爆，完全取决于围岩破坏时能够释放的能量大小。只有当释放的能量足够大时，才能认为开挖扰动导致的围岩破坏引发了岩爆。但由于目前还无法从理论上定量地解决这个问题，因此有关岩爆机理的探索至今仍是一个公认的世界性难题。本节试图根据基于最小耗能原理的岩石破坏理论，对此问题进行一些探索。

4.2 节的分析结果实际上相当于表明：根据基于最小耗能原理的岩石破坏准则，在岩石可视为各向同性、线弹性且拉、压强度不等材料时，可以定量地确定在什么情况下进行的开挖扰动就肯定不会引发岩爆，以及在开挖扰动造成了围岩破坏的情况下如何定量地确定围岩肯定会发生破坏的部位和范围。在此基础上，本节将进一步介绍根据基于最小耗能原理的岩石破坏理论，对开挖扰动造成的围岩破坏究竟会释放出多少能量进行定量分析的思路和方法。

为对上述问题进行定量分析，其思路是：①必须弄清楚围岩在开挖扰动前的初始地应力状态下究竟储存了多少弹性应变能；②必须弄清楚围岩因开挖扰动导致的破坏究竟需要消耗多少能量（显然在围岩破坏区中以上①、②所述的两种能量之差就是在围岩发生破坏区域中的岩体所能释放的能量）；③必须弄清楚在部分围岩发生破坏时围岩未发生破坏区域中的岩体究竟会因"卸载"而释放多少能量。如果这三个问题解决了，则可以认为开挖扰动造成的围岩破坏所释放的总能量等于围岩破坏区中①、②两项能量之差再加上③所释放的能量（即未破坏区所释放的能量），这样就可定量地确定开挖扰动造成的围岩破坏究竟会释放多少能量的问题。显然，若按上述思路设法计算出可以释放多少能量，则根据该能量的大小，就可判定该次能量释放是否属于"猛烈"的能量释放（即是否会发生岩爆）。这样就从理论上解决了"岩爆猛烈释放的能量是从哪里来的"以及"对我们所研究的具体问题而言究竟能释放多少能量"这样两个目前还说不清楚的问题。下面分别讨论"搞清楚"上述三个问题的方法。

4.3.1 围岩在开挖扰动前的初始地应力状态下究竟储存了多少弹性应变能

4.2.1 节在仅考虑自重作用（即未计及构造应力场），并将地层岩石视为各向同性、线弹性体的情况下，得到了距地面深度为 h 处初始地应力状态三个主应力的计算公式为

$$\begin{cases} \sigma_3 = \gamma h \\ \sigma_1 = \sigma_2 = \sigma = \dfrac{\mu}{1-\mu}\sigma_3 = \dfrac{\mu}{1-\mu}\gamma h \end{cases} \tag{4.5}$$

根据广义胡克定律，与式(4.5)表示的主应力相应的主应变计算公式为

$$\begin{cases} \varepsilon_1 = \varepsilon_2 = \varepsilon = \dfrac{1}{E}\big[\sigma - \mu(\sigma + \sigma_3)\big] = \dfrac{1}{E}\big[(1-\mu)\sigma - \mu\sigma_3\big] = 0 \\ \varepsilon_3 = \dfrac{1}{E}(\sigma_3 - 2\mu\sigma) = \dfrac{1}{E}\left(\sigma_3 - 2\mu\dfrac{\mu}{1-\mu}\sigma_3\right) = \dfrac{1-\mu-2\mu^2}{E(1-\mu)}\sigma_3 \end{cases} \tag{4.6}$$

其中，γ、μ、E 分别是岩石的容重、泊松比和弹性模量；h 为地层中某点的一个单位体积岩石单元距地表的深度。将 (4.5)、(4.6) 两式代入 $U = \dfrac{1}{2}\sigma_i\varepsilon_i$，即可求得在初始地应力状态下不同 h 处各点岩石所储存的弹性应变比能

$$U = \dfrac{1}{2}\sigma_i\varepsilon_i = \dfrac{1}{2E}\Big[2\sigma^2 + \sigma_3^2 - 2\mu\big(2\sigma_3\sigma + \sigma^2\big)\Big] = \dfrac{1-\mu-2\mu^2}{2E(1-\mu)}\sigma_3^2 \tag{4.7a}$$

显然，根据 (4.5)、(4.6) 及 (4.7a) 式即可求得在初始地应力作用下各点处的弹性应变比能。而这些弹性应变比能相对于某一区域 V 的积分 $\int_V U \mathrm{d}V$，就是该区域在初始地应力作用下储存的总弹性应变能。

需要指出的是，(4.7a) 式是在岩石为各向同性、线弹性且其中的 σ_i、ε_i 均为终值（即最终结果）情况下得到的计算公式。而以 (4.5) 式及 (4.6) 式表示的 σ_i、ε_i 的终值中的 $\varepsilon_1 = \varepsilon_2 = \varepsilon$ 恒为零（因为已假设 $\varepsilon_1 = \varepsilon_2 = \varepsilon$ 完全受到约束），所以根据 (4.7a) 式计算出的弹性应变比能实际上并未包含 $\varepsilon_1 = \varepsilon_2 = \varepsilon$ 方向上因变形受到完全约束而产生的那部分弹性变形能。为计及这部分能量，可按如下方法对 (4.7a) 式进行修正，即在岩石为各向同性、线弹性的条件下，若 $\varepsilon_1 = \varepsilon_2 = \varepsilon$ 没有受到约束，则在 σ_3 的作用下有 $\varepsilon_1 = \varepsilon_2 = \varepsilon = -\dfrac{\mu}{E}\sigma_3$，且当 $\varepsilon_1 = \varepsilon_2 = \varepsilon$ 受到约束时有 $\sigma_1 = \sigma_2 = \sigma = E\varepsilon$，于是可用

$$U = \dfrac{1}{2}\sigma_3\varepsilon_3 + 2\int_0^{\frac{\mu}{E}\sigma_3}\sigma\mathrm{d}\varepsilon = \dfrac{1-\mu-2\mu^2}{2E(1-\mu)}\sigma_3^2 + \dfrac{\mu^2}{E}\sigma_3^2 \tag{4.7b}$$

对 (4.7a) 式进行修正。由于修正项 $\dfrac{\mu^2}{E}\sigma_3^2$ 相对较小，因此按 (4.7a) 式计算的误差也不会太大。

4.3.2　围岩因开挖扰动导致的破坏究竟需要消耗多少能量以及在围岩破坏区究竟能释放多少能量

由 3.4.1 节知，在岩石可视为各向同性、线弹性且拉、压强度不等材料的情况下，无论处于何种应力状态下的岩石单元，其破坏所需消耗能量的临界值恒等于该单元在单轴受力状态下发生破坏所需消耗的能量，并且单位体积岩石单元破坏

所需消耗的能量是一材料常数，它等于 $\dfrac{1}{2E}f_c f_t$ （其中 E 为岩石的弹性模量，f_c、f_t 分别是岩石的单轴抗压、拉强度）。于是只要能够定量地确定开挖扰动导致围岩发生了破坏的体积 V_R，则围岩因开挖扰动导致破坏时所需消耗的总能量即可按

$$U_{耗} = \frac{V_R}{2E}f_c f_t \tag{4.8}$$

计算，其中的 V_R 可按 4.2.2 节和 4.2.3 节介绍的方法，在计算出开挖扰动后的"组合应力状态"并按基于最小耗能原理的岩石破坏准则定量地予以确定。

　　虽然 4.2 节只具体讨论了具有理论解答的、可视为平面应变问题的圆形及椭圆形截面巷道问题，但对于比较复杂的三维问题（如开挖洞室等情况），在借助于数值方法（如有限元法）按 4.2.2 节的思路求出相应问题的"组合应力状态"分布之后，也完全可根据基于最小耗能原理的岩石破坏准则，按与 4.2.3 节所述的同样方法确定因开挖扰动而导致围岩破坏区域的范围和大小（即(4.8)式中的 V_R）。显然，在按 4.2.3 节所述方法确定了(4.8)式中的 V_R 之后，围岩因开挖扰动导致破坏时所需消耗的总能量即可按(4.8)式定量确定。综上，在围岩因开挖扰动而发生了破坏的区域 V_R 中所能释放的总能量 U_{V_R} 即可按

$$U_{V_R} = \int_{V_R} U \mathrm{d}V_R - \frac{V_R}{2E}f_c f_t \tag{4.9}$$

求出，其中的 U 按(4.7b)式计算。

4.3.3　在部分围岩发生了破坏时围岩未发生破坏区域中的岩体究竟能释放多少能量

　　在按 4.2.2 节介绍的方法计算出初始地应力状态与因开挖扰动卸载导致的扰动应力二者的组合应力状态之后，即可确定在巷道或洞室附近有一个多大范围内的初始地应力状态会因开挖扰动而发生了变化。显然，凡是计算出的组合应力状态与该处原来的初始地应力状态不同的区域，就是初始地应力因开挖扰动而发生变化的区域，设此区域的体积为 V，则 $(V - V_R)$ 就是未发生破坏但初始地应力发生变化的区域。可以认为，$(V - V_R)$ 中因应力状态发生了变化（即初始地应力状态因开挖扰动变成了组合应力状态）而减少（因为是卸载导致的变化，所以一定是减少）了的那部分弹性应变能就是在部分围岩发生了破坏时，围岩未发生破坏区域 $(V - V_R)$ 中所释放的能量。因为 $(V - V_R)$ 中的组合应力状态和初始地应力状态可分别按 4.2.2 节及 4.2.1 节所述方法确定，于是当部分围岩发生了破坏时，围岩未破坏区域 $(V - V_R)$ 中所释放的能量 $U_{(V - V_R)}$ 可按

$$U_{(V-V_R)} = \int\limits_{(V-V_R)} (U_1 - U_2) \mathrm{d}(V - V_R) \tag{4.10a}$$

计算。其中 U_1 为与初始地应力状态对应的弹性应变比能，U_2 为与组合应力状态对应的弹性应变比能，它们（即 U_1、U_2）可根据初始地应力状态或组合应力状态分别按 (4.7b) 式及 $U_2 = \dfrac{1}{2E}\left[\sigma_1^2 + \sigma_2^2 + \sigma_3^2 - 2\mu(\sigma_1\sigma_2 + \sigma_2\sigma_3 + \sigma_3\sigma_1)\right]$ 计算。需要注意的是，此时 (4.7b) 式或上式中与所考虑点相应的初始地应力状态或组合应力状态，都与该点在 $(V - V_R)$ 中的位置有关。

综上，因开挖扰动造成巷道或洞室围岩发生破坏时所能释放的总能量，即为按 (4.9)、(4.10a) 两式求得的 U_{V_R} 和 $U_{(V-V_R)}$ 之和。显然根据二者之和的大小，就可判定其是否属于"猛烈"的能量释放（即引发岩爆）。

需要特别指出的是：以上分析实际上是针对 TBM 施工方法进行的。因为采用 TBM 法施工，巷道完整断面及相应的组合应力状态的形成、围岩破坏区的破坏以及破坏区和未破坏区能量的释放这 4 件事，在岩石可视为线弹性材料时都可以认为是在同一瞬间完成的事件。对于采用钻爆法施工的情况，由于在形成最终的完整断面形状之前的开挖过程中，因围岩储存的能量在钻爆过程中已被部分逐渐释放，所以钻爆施工法比 TBM 施工法产生岩爆的可能性要小。一些现场岩爆的情况统计也表明，TBM 施工产生的岩爆比钻爆法施工产生的岩爆会更多更严重[3]。

4.3.4 关于因在地下开挖掘进形成的巷道或洞室自由面被卸载而导致弹性应变能释放问题的进一步讨论

4.3.2 节和 4.3.3 节讨论了因开挖扰动导致围岩发生破坏区域或未破坏区域分别会释放多少能量的定量计算问题。由于破坏区域内的破碎岩体将不再能承受荷载（即其中的应力将因岩体破坏而被"清零"），所以同样也会导致破坏区域内岩体原来承受的那部分荷载被转移到由未破坏区域的岩体去承担的情况发生（因为未破坏区域中的应力实际上是在破坏区域还承受着荷载，即在该破坏区域内应力还未被"清零"的情况下计算出来的）。这相当于在开挖扰动导致破坏区的围岩发生破坏和崩落之后，又形成了新的自由面以及该新自由面也被卸载的问题，这个新自由面其实就是 4.2.3 节中根据基于最小耗能原理的岩石破坏准则确定的因开挖扰动导致围岩破坏的区域与未破坏区的分界面。显然，在上述破坏区原来承受的荷载向未破坏区转移的过程中，同样也可能造成在原来的未破坏区内又形成新的破坏区与新的未破坏区，并且这种情况还有可能会重复出现（至于是否会形成新的破坏区以及这种现象是否会重复出现，与开挖的巷道的断面形状及埋深有关，因此都要按 4.2.2 节、4.2.3 节所述方法再次去定量确定）。因为对线弹性问题而言，这种"重复"都是瞬间发生的，所以每次"重复"所释放的能量也都应视为是此次开挖扰动所能释放的总能量的组成部分。由于开挖扰动引起的崩塌总具有使崩塌面趋于自然稳定的趋势，因此每次"重复"所释放的能量通常都将随"重复"的次数增加而迅速衰减，也就是说，通过一次"重复"就可判断是否有继续"重复"计算下去的必要。

需要指出的是，如果开挖掘进形成巷道或洞室之后围岩并没有发生破坏（例如4.2.3 节中挖掘圆形截面巷道在埋深 h 小于或等于 340m 的情况），则此时因开挖而释放的能量就不包含因围岩破坏而释放的那部分能量（即以（4.9）式表示的 $U_{V_R} = 0$）。于是计算这种情况下所能释放能量的公式，就应将（4.10a）式改为

$$U_V = \int_V (U_1 - U_2) \mathrm{d}V \qquad (4.10b)$$

其中，V 的含意与（4.10a）式中相同，即 V 是初始地应力因开挖扰动而发生了变化的区域，只是此时（4.10b）式中没有包含因开挖扰动而发生了破坏的区域 V_R（即 $V_R = 0$）而已。

另外，如果开挖形成巷道之后围岩并没有发生破坏，但在间隔若干时间之后，因某些其他原因（例如持续的开挖掘进扰动或爆破震动等）使得巷道截面围岩或巷道间岩柱发生了破坏（破坏区 V_R 的范围和大小可根据未破坏之前的原组合应力状态与这次因某些其他原因导致的扰动应力与未破坏之前的原组合应力状态形成的新组合应力状态按 4.2 节所述方法确定），则此时发生了破坏的区域 V_R 所释放的能量，虽然仍可按（4.9）式计算，但其中的 U 就不能按初始地应力状态情况下的计算公式（即（4.7b）式）计算，而应将按 4.2.2 节确定的组合应力状态（即还没有发生因某些其他原因导致围岩或岩柱破坏之前的原组合应力状态）代入 $U = \dfrac{1}{2E}[\sigma_1^2 + \sigma_2^2 + \sigma_3^2 - 2\mu(\sigma_1\sigma_2 + \sigma_2\sigma_3 + \sigma_3\sigma_1)]$ 求得，其中的 σ_1、σ_2、σ_3 是上述组合应力状态的主应力。此时因其他原因导致围岩或岩柱破坏之后的未破坏区（即 $V - V_R$ 区）所能释放的能量，虽然也仍可按（4.10a）式计算，但其中的 U_1 就不是初始地应力状态下的应变比能，而应是与这次因其他原因导致围岩或岩柱破坏之前上述未破坏区相应情况的原组合应力状态下的应变比能；U_2 则应是这次因其他原因导致围岩或岩柱破坏之后在上述未破坏区中形成的新组合应力状态下的应变比能。而（4.10a）式中的 V 则应是这次因其他原因导致围岩或岩柱破坏之前，在上述未破坏区内组合应力状态（即前述之"原组合应力状态"）发生了变化的区域。若此时发生破坏的是岩柱，且岩柱的刚度较大，则此时岩柱发生破坏的情况就相当

于 Cook 等提出的刚度理论所讨论的情况。只是这里不仅可以定量地计及岩柱破坏及因岩柱破坏而导致围岩破坏区域所释放的能量，而且还可以定量地计及在上述情况下非破坏区域可能释放的能量。而现有理论[4]则还无法做到这一点。

另外，对圆形截面巷道而言，此时图 4.2(b)所示 E 点附近的受拉区，由于岩石的抗拉强度远低于抗压强度，所以在临近破坏时受拉区单位体积岩石储存的弹性应变能将远低于受压区单位体积岩石储存的弹性应变能，但无论受拉或受压破坏，单位体积岩石所需消耗的能量却相同，故对于这种形成巷道之后并经历了一段时间才发生的受拉区破坏，肯定都不会引发岩爆。因为受拉破坏区所能释放的能量是有限的。

4.4　岩　爆　机　理

4.4.1　从本质上说岩爆是一个力学问题

由于岩爆是一种因在地层深部开挖掘进引起的扰动应力与地下岩体中原有的初始地应力二者共同形成的组合应力状态作用下，导致围岩破坏而引发的能量猛烈释放现象。因此，岩爆与力学学科中的应力分析理论、岩石的力学强度理论及力学中的能量理论紧密相关。通过应力分析理论确定了地层中初始地应力与开挖扰动应力二者的组合应力状态之后，就可根据岩石的力学强度理论确定围岩是否会发生破坏，以及围岩可能发生破坏的部位及其范围的大小。如果对某一具体问题，根据应力分析的结果和岩石的力学强度理论得到了围岩不会发生破坏的结论，则对此具体问题而言，开挖掘进就肯定不会引发岩爆；如果对某一具体问题，根据应力分析的结果和岩石的力学强度理论得到了围岩会在某些确定的部位和范围之内发生破坏的结论，则可根据力学中的能量理论来判定此具体问题发生的围岩破坏是否会引发猛烈的能量释放(即引发岩爆)。

以上情况表明，岩爆从本质上说是一个力学问题。但是，①因组合应力状态导致的围岩破坏，是由于开挖形成的巷道或洞室自由面被卸载而引起的，如 3.4.1 节所述，在现有的岩石力学强度理论体系中"迄今为止，尚缺少一个判定究竟在什么样的卸载路径下，卸载才会导致岩石破坏的准则"；②迄今为止，对究竟如何才能定量地确定发生岩爆时猛烈释放的能量也还说不清楚。因此，现在还无法从力学上对 4.1 节所述的"岩爆现象的主要特征"作出比较精准及定量性的理论解释，以致关于岩爆机理的探索问题现在仍是一个公认的世界性难题。

4.4.2　基于最小耗能原理的岩石破坏理论与岩爆机理研究

所谓岩爆机理，就是对岩爆现象的理论解释。4.1 节根据国内外对岩爆的各种定义，综合整理出了岩爆现象所具有的四项主要特征。现根据基于最小耗能原理的岩石破坏理论，对岩爆的前三项主要特征现象作如下理论解释。

(1)虽然 4.1 节所述岩爆现象的主要特征之(1)和(2)表明：岩爆是在深部地层开挖掘进巷道或洞室时，因新形成的巷道或洞室自由面被"卸载"并导致围岩破坏而引发的猛烈能量释放，但现有理论①对所谓"深部地层"究竟指的是多"深"的地层；②对所谓"围岩破坏而引发"的猛烈能量释放，究竟是否"围岩破坏"就一定会"引发猛烈的能量释放"这样两个关键性问题还无法作出定量性的解释。然而由 4.2 节和 4.3 节可见，在将岩石视为各向同性、线弹性且拉、压强度不等材料的情况下，根据基于最小耗能原理的岩石破坏理论，能对上述两个关键性问题作出精准合理的定量性理论解释，并具体举例说明了当岩石的抗拉、压强度、容重和泊松比分别为 $f_t = 4.28\,\mathrm{MPa}$、$f_c = 16.68\,\mathrm{MPa}$、$\gamma = 2.4\mathrm{T}/\mathrm{m}^3$、$\mu = 0.2$ 时，对挖掘圆形巷道而言，若不计构造应力场的影响，则当埋深 $h \leqslant 340\,\mathrm{m}$ 时，开挖掘进肯定不会引发岩爆，当 $h > 340\,\mathrm{m}$ 之后开挖掘进就可能引发岩爆。但究竟是否真的会"引发"，则需视由(4.9)和(4.10a)式定量求得的围岩破坏时在其破坏区及非破坏区所能释放能量之和是否达到了"猛烈"的程度而定。以上情况表明，基于最小耗能原理的岩石破坏理论能对 4.1 节所述岩爆现象的第(1)、(2)两项主要特征作出较为精准合理的定量性理论解释。另外，4.2.3 节中关于圆形巷道围岩发生破坏的部位，一定是在与初始地应力中绝对值最大主应力垂直方向上的巷道边界两侧的理论分析结果，和文献[5]中"一、天生桥水电站岩爆特征"之 5 所述两个爆裂面的中心连线恰好与最大初始应力近于垂直的特征完全一致。这一现场观测到的岩爆特征相当于验证了上述理论分析结果的合理性与正确性。

(2)4.1 节所述的岩爆现象的第(3)项主要特征(即"在埋深大及较为完整和硬脆地层岩体内的巷道或洞室开挖掘进过程中会频繁地发生岩爆")表明，在初始地应力很高(即埋深大)的区域，若在岩石可视为线弹性且强度高、弹性模数很大(即较为完整和硬脆)的情况下(即在地层中储存有更多、更大量的弹性应变能的情况下)，由于岩体中储存的大量弹性应变能会因开挖掘进形成的巷道或洞室自由面"卸载"而被释放出来，从而导致在这种情况下的开挖掘进"会频繁地发生岩爆"。虽然以上说法可以理解为是对 4.1 节所述的岩爆现象第(3)项主要特征的一种理论解释，但这种解释显然也是不够精准和不具有定量性的。然而，由 4.3 节可见，在岩石可视为各向同性、线弹性且拉、压强度不等材料的情况下，根据基于最小耗能原理的岩石破坏理论，解决了：①围岩在开挖扰动前的初始地应力状态下究竟储存了多少弹性应变能；②围岩因开挖扰动导致的破坏究竟需要消耗多少能量以及围岩破坏区究竟能释放多少能量；③在部分围岩发生了破坏时，围岩未发生破坏区域中的岩体究竟能释放多少能量这样三个关键性问题，并且据此可对 4.1 节所述的第(3)项主要特征作出精准合理的定量性理论解释。另外，由 4.3.4 节知，该理论还能对"为什么在已形成的巷道或洞室围岩受拉区因再次受到扰动而发生破坏时不会引发岩爆"作出了合理的定量性理论解释。

4.4.3　关于各向异性、非线性、黏、弹、塑性岩体中的岩爆机理探索

文献[5]认为，导致 4.1 节所述岩爆现象第(4)项主要特征的原因在于："不同地段具有不同的岩体结构类型以及同类岩体存在着各向异性，从而控制了岩爆的有无和岩爆烈度"，这相当于认为 4.1 节所述岩爆现象第(4)项主要特征是由于岩体结构不同和各向异性造成的。所谓"岩体结构不同"和"各向异性"，其实就是不同地段的岩石从整体来看具有不同的宏观性能，也就是说 4.1 节所述岩爆现象第(4)项主要特征实际上是因不同地段的岩体宏观性能不同造成的。

如果从整体来看岩石可近似视为各向同性、线弹性且拉、压强度不等的材料，则如 4.2 节和 4.3 节所述，就可根据第 3 章建立的基于最小耗能原理的岩石破坏理论，对 4.1 节所述岩爆现象主要特征的前三项作出合理的、定量性的理论解释。因为"在埋深大及较为完整和硬脆地层岩体内的巷道或洞室开挖掘进过程中会频繁地发生岩爆"，而在许多情况下较为完整和硬脆的岩体可近似认为是各向同性的线弹性体，所以对这类会频繁发生的岩爆现象可按 4.2 节和 4.3 节介绍的方式进行定量性的理论解释。这其实就是最常见的岩爆现象的机理。

对于从整体来看不能视为各向同性、线弹性材料的岩体，例如从整体来看是各向异性、且具有非线性、黏、弹、塑性性能的最一般岩体，虽然也可能会因在其中挖掘巷道或洞室形成的自由面卸载，导致围岩破坏并引发岩爆（因为只要在这种情况下围岩发生破坏并导致猛烈的能量释放现象，也同样意味着发生了岩爆），但具有各向异性、非线性、黏、弹、塑性性能的岩体，即使在高地压作用下蓄积了大量的应变能，其中也必然会有相当大的一部分应变能会被不可恢复的塑性和黏性变形所消耗，因此这种岩体在破坏时所能释放的能量(弹性应变能)就肯定会比蓄积了同样多应变能的完全弹性岩体所能释放的能量小得多（即这种情况下发

生岩爆的可能性会小得多)。虽然如此,探讨在从整体上看可视为各异性且具有非线性、黏、弹、塑性性能的岩体中挖掘巷道或洞室是否会引发岩爆还是十分必要的,因为它与多数深埋地层中的岩体性能更为相符,所以也更能深入全面地揭示岩爆机理。下面介绍解决此问题的思路。

由 1.5.2 节及 4.1 节可见,发生岩爆必须具备三个条件:一是进行开挖掘进;二是因开挖扰动导致围岩发生了破坏;三是因围岩破坏引发了猛烈的能量释放。显然,若不进行开挖掘进,就不会发生岩爆;若开挖掘进没有导致围岩破坏,也不会发生岩爆;若围岩破坏并没有引起猛烈的能量释放,同样也不会发生岩爆。因此,要弄清在具有各向异性、非线性、黏、弹、塑性性能的岩体内挖掘地下巷道或洞室是否会引发岩爆,必须①能在将岩体视为各向异性、非线性、黏、弹、塑性材料的情况下,计算出未开挖扰动之前地层中的初始地应力状态以及初始地应力状态和因开挖引起的扰动应力二者的组合应力状态;②能建立起一个关于各向异性、非线性、黏、弹、塑性岩石的强度准则;③能根据①、②两项的结果确定在组合应力状态下,围岩是否会发生破坏以及可能发生破坏的部位及范围大小;④能够根据①、②、③的结果确定因开挖扰动导致的围岩破坏会释放多少能量(包括未破坏区会释放多少能量),并据此判定其是否属于"猛烈"的能量释放。显然,对于以上必须能做到的第①项工作,只要已知具有各向异性、非线性、黏、弹、塑性性能岩体的本构关系,就可借助于有限元法做到;如果已建立了②中所述的"准则",那么第③项工作也就可以在①、②两项工作的基础上完成。另外,在经由步骤①确定了计算区域内代表着不同点的各单元总应变状态中的黏性应变、塑性应变及弹性应变所占的比例之后,则在围岩因开挖掘进导致的破坏区及未破坏区所能释放的能量,就可由总应变能中的弹性应变能及实际实现破坏所需消耗的能量决定。因此,问题的关键在于如何建立关于各向异性、非线性、黏、弹、塑性岩石的强度准则和如何具体确定因开挖扰动导致这类围岩破坏后会释放多少能量(包括未破坏区会释放多少能量)。鉴于在最一般情况下讨论这两个问题都太复杂,因此下面仅对一些比较简单的情况进行讨论。对于更为一般的情况,可按类似的思路和方法进行处理,因为这除了将会面临更复杂的推演之外,并不存在不可克服的困难。

1. 关于各向异性材料的强度准则

由于对各向异性材料而言,即使是在单轴应力作用下,它的破坏(包括屈服)规律也与应力作用的方向有关,因此它比各向同性材料的强度问题要复杂得多[6-8]。迄今为止,已经建立了最大应力理论、最大应变理论、Tsai-Hill 理论、Hoffman 理论、Tsai-Wu 张量理论、单剪理论、双剪理论等一系列有关各向异性材料的强度理论。但这些"理论"都是"唯象学"的,它们或者是在通过实验观察破坏现象的基础上提出的某种假设,更多的就其本质而言则是通过拟合实验数据而得到的一些经验公式,因此它们同样也不可避免地带有盲目性和局限性。文献[9]指出:最小耗能原理揭示了各向异性材料的破坏准则,应是使破坏过程耗能最小的约束条件的本质;最小耗能原理给各向异性材料强度准则的建立提供了理论基础。因此,下面将介绍按此新思路研究建立各向异性材料的强度准则问题。

1)根据最小耗能原理建立各向异性材料强度准则的思路

对以微小单位体积所代表的各向异性材料中的任意点而言,如果认为材料在发生屈服或破坏之前是完全弹性体,并且把在屈服或破坏过程中因外力因素产生的不可恢复应变视为材料屈服或破坏过程中的唯一耗能机制,则可将该点在开始发生屈服或破坏时的耗能率表示为

$$\varphi(t)\big|_{t=0} = \sigma_{ij}\dot{\varepsilon}_{ij}^{N}(t)\big|_{t=0} \tag{4.11}$$

同时可将促使该点发生屈服或破坏所需消耗能量的临界值表达式(即强度准则)表示为

$$F(\sigma_{ij}, \varepsilon_{ij}) = 0 \tag{4.12}$$

以上两式中的 σ_{ij} 为该点刚开始发生屈服或破坏时的名义应力张量, $\dot{\varepsilon}_{ij}^{N}(t)$ 为该点在屈服或破坏过程中 t 时刻的不可恢复应变率张量, ε_{ij} 为刚开始发生屈服或破坏时该点的应变张量, $F(\sigma_{ij}, \varepsilon_{ij})$ 为待定的屈服或破坏函数。因为各向异性材料的强度具有方向性,从而使得主应力及主应变的概念在强度分析中失去了意义,故在(4.11)、(4.12)两式中不再用主应力和主应变表示耗能率和约束条件(即待定准则)。由于以(4.11)式表示的材料屈服或破坏耗能过程只有在(4.12)式得到满足的条件下才会发生,根据最小耗能原理,(4.11)式应在满足(4.12)式的条件下取驻值。显然,当 ε_{ij} 和 $\dot{\varepsilon}_{ij}^{N}(t)\big|_{t=0}$ 都可表示为 σ_{ij} 的已知函数时,(4.11)、(4.12)两式中的 $\varphi(t)\big|_{t=0}$ 及 $F(\sigma_{ij}, \varepsilon_{ij})$ 也就可以分别看作是 σ_{ij} 的已知和待定函数。在引入 Lagrange 乘子之后,即可建立起将(4.11)、(4.12)两式联系在一起的一组方程,利用这组方程可确定(4.12)式中的待定函数,从而使以(4.12)式表示的各向异性材料的屈服或破坏准则得到确定。由于具体讨论最一般情况下的各向异性材料的强度理论问题,其表达式过于复杂且就应用而言也无此必要,故下面将只具体讨论正交各向异性

材料的强度理论问题。

2) 正交各向异性、线弹性、脆性材料强度准则的推导和建立

对于在发生破坏耗能之前可视为具有三个相互垂直弹性对称面的所谓正交各向异性线弹性材料而言，如果将 x、y、z 轴选得与材料的弹性主方向重合，则其在破坏前的本构关系是

$$\begin{cases} \varepsilon_x = S_{11}\sigma_x + S_{12}\sigma_y + S_{13}\sigma_z, \quad \gamma_{xy} = S_{44}\tau_{xy} \\ \varepsilon_y = S_{21}\sigma_x + S_{22}\sigma_y + S_{23}\sigma_z, \quad \gamma_{yz} = S_{55}\tau_{yz} \\ \varepsilon_z = S_{31}\sigma_x + S_{32}\sigma_y + S_{33}\sigma_z, \quad \gamma_{zx} = S_{66}\tau_{zx} \end{cases} \tag{4.13}$$

其中，S_{ij}（i，j 分别可取 1，2，3，4，5，6）为柔度系数。由(4.13)式可见，正应变只和三个正应力有关，剪应变仅和剪应力有关。于是反映在外荷载作用下促使正交各向异性线弹性材料某点发生破坏所需消耗能量的临界值表达式（即强度准则），就可用该点名义应力的二次函数

$$\begin{aligned} F(\sigma_x, \cdots, \tau_{zx}) &= a_1\sigma_x^2 + a_2\sigma_y^2 + a_3\sigma_z^2 + a_4\tau_{xy}^2 + a_5\tau_{yz}^2 + a_6\tau_{zx}^2 + a_7\sigma_x\sigma_y + a_8\sigma_x\sigma_z \\ &\quad + a_9\sigma_y\sigma_z + a_{10}\sigma_x + a_{11}\sigma_y + a_{12}\sigma_z + a_{13} \\ &= 0 \end{aligned} \tag{4.14}$$

来表示，其中 $a_i(i1,\cdots,13)$ 为待定系数。因为对正交各向异性材料而言，沿弹性主方向的材料抗拉、抗压强度通常不等，而抗剪基本强度则与剪应力的正负无关，所以(4.14)式中仅包含有正应力的一次项而无剪应力的一次项。设已由实验测得该种材料的基本强度值分别为 f_{xt}、f_{xc}、f_{yt}、f_{yc}、f_{zt}、f_{zc}、f_{xyb}、f_{yzb}、f_{zxb}（它们分别表示沿三个弹性主方向 x、y、z 的单轴抗拉、抗压强度及与弹性主方向垂直面内的剪切强度）。于是根据强度准则的基本性质有：当沿 x 轴方向单轴拉、压时，由(4.14)式有 $a_1\sigma_x^2 + a_{10}\sigma_x + a_{13} = 0$，所以

$$f_{xt} = \frac{-a_{10} + \sqrt{a_{10}^2 - 4a_1a_{13}}}{2a_1}, \quad -f_{xc} = \frac{-a_{10} - \sqrt{a_{10}^2 - 4a_1a_{13}}}{2a_1}$$

或

$$f_{xt} = \frac{-a_{10} - \sqrt{a_{10}^2 - 4a_1a_{13}}}{2a_1}, \quad -f_{xc} = \frac{-a_{10} + \sqrt{a_{10}^2 - 4a_1a_{13}}}{2a_1}$$

于是有

$$\begin{cases} a_1 = -\dfrac{a_{13}}{f_{xt}f_{xc}} \\ a_{10} = \dfrac{f_{xt} - f_{xc}}{f_{xt}f_{xc}}a_{13} \end{cases} \tag{4.15}$$

当沿 y 轴方向单轴拉、压时，同理有

$$\begin{cases} a_2 = -\dfrac{a_{13}}{f_{yt}f_{yc}} \\ a_{11} = \dfrac{f_{yt}-f_{yc}}{f_{yt}f_{yc}}a_{13} \end{cases} \tag{4.16}$$

当沿 z 轴方向单轴拉、压时，同理有

$$\begin{cases} a_3 = -\dfrac{a_{13}}{f_{zt}f_{zc}} \\ a_{12} = \dfrac{f_{zt}-f_{zc}}{f_{zt}f_{zc}}a_{13} \end{cases} \tag{4.17}$$

当在 xy 平面内纯剪时，由(4.14)式有 $a_4\tau_{xy}^2 + a_{13}=0$，所以有

$$a_4 = -\frac{a_{13}}{f_{xyb}^2} \tag{4.18}$$

当在 yz 平面内纯剪时，同理有

$$a_5 = -\frac{a_{13}}{f_{yzb}^2} \tag{4.19}$$

当在 zx 平面内纯剪时，同理有

$$a_6 = -\frac{a_{13}}{f_{zxb}^2} \tag{4.20}$$

将(4.15)式～(4.20)式代入(4.14)式，然后等式两边同除以 $-a_{13}$ 之后可得

$$F(\sigma_x,\cdots,\tau_{zx}) = \frac{\sigma_x^2}{f_{xt}f_{xc}} + \frac{\sigma_y^2}{f_{yt}f_{yc}} + \frac{\sigma_z^2}{f_{zt}f_{zc}} + \frac{\tau_{xy}^2}{f_{xyb}^2} + \frac{\tau_{yz}^2}{f_{yzb}^2} + \frac{\tau_{zx}^2}{f_{zxb}^2} + A_1\sigma_x\sigma_y + A_2\sigma_y\sigma_z$$

$$+ A_3\sigma_z\sigma_x + \frac{f_{xc}-f_{xt}}{f_{xt}f_{xc}}\sigma_x + \frac{f_{yc}-f_{yt}}{f_{yt}f_{yc}}\sigma_y + \frac{f_{zc}-f_{zt}}{f_{zt}f_{zc}}\sigma_z - 1 = 0 \tag{4.21}$$

(4.21)式即材料在破坏前为正交各向异性线弹性情况下的具有待定成分的强度准则，其中 $A_1 = -\dfrac{a_7}{a_{13}}$，$A_2 = -\dfrac{a_8}{a_{13}}$，$A_3 = -\dfrac{a_9}{a_{13}}$ 为准则中的待定成分。若用弹性模数 E_i、泊松比 μ_{ij} 和剪切模量 G_{ij}（其中下标 i、j 分别取代表材料弹性主方向的 x、y、z）代替(4.13)式中的诸柔度系数 S_{ij}，则(4.13)式化为

$$\begin{cases} \varepsilon_x = \dfrac{\sigma_x}{E_x} - \dfrac{\mu_{yx}}{E_y}\sigma_y - \dfrac{\mu_{zx}}{E_z}\sigma_z, & \gamma_{xy} = \dfrac{\tau_{xy}}{G_{xy}} \\[2mm] \varepsilon_y = \dfrac{\sigma_y}{E_y} - \dfrac{\mu_{xy}}{E_x}\sigma_x - \dfrac{\mu_{zy}}{E_z}\sigma_z, & \gamma_{yz} = \dfrac{\tau_{yz}}{G_{yz}} \\[2mm] \varepsilon_z = \dfrac{\sigma_z}{E_z} - \dfrac{\mu_{xz}}{E_x}\sigma_x - \dfrac{\mu_{yz}}{E_y}\sigma_y, & \gamma_{zx} = \dfrac{\tau_{zx}}{G_{zx}} \end{cases} \tag{4.22}$$

根据几何损伤理论[10]，可将该点材料的破坏过程视为有效承载面积的缩减过程，若设 μ_{ij} 与 t 无关，则此破坏过程可通过该点材料的名义模量 E_i、G_{ij} 的递减来体现，即在破坏过程中该点的名义材料模量 E_i、G_{ij} 将是表征破坏过程的时间参数 t 的递减函数 $E_i(t)$、$G_{ij}(t)$。如此，在某点开始发生破坏时的不可恢复应变率 $\dot{\varepsilon}_{ij}^N(t)\big|_{t=0}$，根据 (4.22) 式则可表示为

$$\begin{cases} \dot{\varepsilon}_x^N(t)\big|_0 = -\dfrac{\dot{E}_x(t)}{E_x^2(t)}\Big|_0 \sigma_x + \dfrac{\mu_{yx}\dot{E}_y(t)}{E_y^2(t)}\Big|_0 \sigma_y + \dfrac{\mu_{zx}\dot{E}_z(t)}{E_z^2(t)}\Big|_0 \sigma_z, \ \dot{\gamma}_{xy}^N(t)\big|_0 = -\dfrac{\dot{G}_{xy}(t)}{G_{xy}^2(t)}\Big|_0 \tau_{xy} \\[3mm] \dot{\varepsilon}_y^N(t)\big|_0 = -\dfrac{\dot{E}_y(t)}{E_y^2(t)}\Big|_0 \sigma_y + \dfrac{\mu_{xy}\dot{E}_x(t)}{E_x^2(t)}\Big|_0 \sigma_x + \dfrac{\mu_{zy}\dot{E}_z(t)}{E_z^2(t)}\Big|_0 \sigma_z, \ \dot{\gamma}_{yz}^N(t)\big|_0 = -\dfrac{\dot{G}_{yz}(t)}{G_{yz}^2(t)}\Big|_0 \tau_{yz} \\[3mm] \dot{\varepsilon}_z^N(t)\big|_0 = -\dfrac{\dot{E}_z(t)}{E_z^2(t)}\Big|_0 \sigma_z + \dfrac{\mu_{xz}\dot{E}_x(t)}{E_x^2(t)}\Big|_0 \sigma_x + \dfrac{\mu_{yz}\dot{E}_y(t)}{E_y^2(t)}\Big|_0 \sigma_y, \ \dot{\gamma}_{zx}^N(t)\big|_0 = -\dfrac{\dot{G}_{zx}(t)}{G_{zx}^2(t)}\Big|_0 \tau_{zx} \end{cases} \tag{4.23}$$

当 $t=0$ 时有 $E_i(t)=E_i$ 及 $G_{ij}(t)=G_{ij}$（E_i、G_{ij} 为材料发生破坏耗能之前的名义弹性模量及名义剪切模量，$E_i(t)$、$G_{ij}(t)$ 为材料破坏耗能过程中 t 时刻的名义弹性模量及名义剪切模量，它们是 t 的递减函数），而当 $t=t_r$ 时有 $E_i(t_r)=G_{ij}(t_r)=0$（即当 $t=t_r$ 时该点完全破坏，与之相应的破坏耗能过程随之终结）。将 (4.23) 式代入 (4.11) 式可得破坏刚开始时的耗能率表达式

$$\begin{aligned} \varphi(t)\big|_{t=0} = \sigma_{ij}\dot{\varepsilon}_{ij}^N(t)\big|_{t=0} = & -\dfrac{\dot{E}_x(t)}{E_x^2(t)}\Big|_0 \sigma_x^2 + \dfrac{\mu_{yx}\dot{E}_y(t)}{E_y^2(t)}\Big|_0 \sigma_x\sigma_y + \dfrac{\mu_{zx}\dot{E}_z(t)}{E_z^2(t)}\Big|_0 \sigma_x\sigma_z - \dfrac{\dot{E}_y(t)}{E_y^2(t)}\Big|_0 \sigma_y^2 \\[2mm] & + \dfrac{\mu_{xy}\dot{E}_x(t)}{E_x^2(t)}\Big|_0 \sigma_x\sigma_y + \dfrac{\mu_{zy}\dot{E}_z(t)}{E_z^2(t)}\Big|_0 \sigma_y\sigma_z - \dfrac{\dot{E}_z(t)}{E_z^2(t)}\Big|_0 \sigma_z^2 + \dfrac{\mu_{xz}\dot{E}_x(t)}{E_x^2(t)}\Big|_0 \sigma_x\sigma_z \\[2mm] & + \dfrac{\mu_{yz}\dot{E}_y(t)}{E_y^2(t)}\Big|_0 \sigma_y\sigma_z - \dfrac{\dot{G}_{xy}(t)}{G_{xy}^2(t)}\Big|_0 \tau_{xy}^2 - \dfrac{\dot{G}_{yz}(t)}{G_{yz}^2(t)}\Big|_0 \tau_{yz}^2 - \dfrac{\dot{G}_{zx}(t)}{G_{zx}^2(t)}\Big|_0 \tau_{zx}^2 \end{aligned} \tag{4.24}$$

根据最小耗能原理，(4.24) 式应在满足 (4.21) 式的条件下取驻值，引入 Lagrange 乘子 λ^* 之后有

$$\partial[\varphi(t)|_{t=0} + \lambda^* F(\sigma_x, \cdots, \tau_{zx})] / \partial \sigma_{ij} = 0 \tag{4.25}$$

将(4.24)、(4.21)两式代入(4.25)式之后可以解得

$$
\begin{cases}
A_1 = \left\{ \dfrac{1}{\lambda^*} \left[\left.\dfrac{\dot{E}_x(t)}{E_x^2(t)}\right|_{t=0} \sigma_x^2 + \left.\dfrac{\dot{E}_y(t)}{E_y^2(t)}\right|_{t=0} \sigma_y^2 - \left.\dfrac{\dot{E}_z(t)}{E_z^2(t)}\right|_{t=0} \sigma_z^2 - \left.\dfrac{\mu_{yx}\dot{E}_y(t)}{E_y^2(t)}\right|_{t=0} \sigma_x\sigma_y - \left.\dfrac{\mu_{xy}\dot{E}_x(t)}{E_x^2(t)}\right|_{t=0} \sigma_x\sigma_y \right] \right. \\
\qquad \left. + \dfrac{\sigma_z^2}{f_{zt}f_{zc}} - \dfrac{\sigma_x^2}{f_{xt}f_{xc}} - \dfrac{\sigma_y^2}{f_{yt}f_{yc}} - \dfrac{1}{2}\left(\dfrac{f_{xc}-f_{xt}}{f_{xt}f_{xc}}\sigma_x + \dfrac{f_{yc}-f_{yt}}{f_{yt}f_{yc}}\sigma_y - \dfrac{f_{zc}-f_{zt}}{f_{zt}f_{zc}}\sigma_z \right) \right\} \Big/ \sigma_x\sigma_y \\[2mm]
A_2 = \left\{ \dfrac{1}{\lambda^*} \left[\left.\dfrac{\dot{E}_z(t)}{E_z^2(t)}\right|_{t=0} \sigma_z^2 + \left.\dfrac{\dot{E}_y(t)}{E_y^2(t)}\right|_{t=0} \sigma_y^2 - \left.\dfrac{\dot{E}_x(t)}{E_x^2(t)}\right|_{t=0} \sigma_x^2 - \left.\dfrac{\mu_{zy}\dot{E}_z(t)}{E_z^2(t)}\right|_{t=0} \sigma_y\sigma_z - \left.\dfrac{\mu_{yz}\dot{E}_y(t)}{E_y^2(t)}\right|_{t=0} \sigma_y\sigma_z \right] \right. \\
\qquad \left. + \dfrac{\sigma_x^2}{f_{xt}f_{xc}} - \dfrac{\sigma_y^2}{f_{yt}f_{yc}} - \dfrac{\sigma_z^2}{f_{zt}f_{zc}} - \dfrac{1}{2}\left(\dfrac{f_{zc}-f_{zt}}{f_{zt}f_{zc}}\sigma_z + \dfrac{f_{yc}-f_{yt}}{f_{yt}f_{yc}}\sigma_y - \dfrac{f_{xc}-f_{xt}}{f_{xt}f_{xc}}\sigma_x \right) \right\} \Big/ \sigma_y\sigma_z \\[2mm]
A_3 = \left\{ \dfrac{1}{\lambda^*} \left[\left.\dfrac{\dot{E}_x(t)}{E_x^2(t)}\right|_{t=0} \sigma_x^2 + \left.\dfrac{\dot{E}_z(t)}{E_z^2(t)}\right|_{t=0} \sigma_z^2 - \left.\dfrac{\dot{E}_y(t)}{E_y^2(t)}\right|_{t=0} \sigma_y^2 - \left.\dfrac{\mu_{zx}\dot{E}_z(t)}{E_z^2(t)}\right|_{t=0} \sigma_x\sigma_z - \left.\dfrac{\mu_{xz}\dot{E}_x(t)}{E_x^2(t)}\right|_{t=0} \sigma_x\sigma_z \right] \right. \\
\qquad \left. + \dfrac{\sigma_y^2}{f_{yt}f_{yc}} - \dfrac{\sigma_x^2}{f_{xt}f_{xc}} - \dfrac{\sigma_z^2}{f_{zt}f_{zc}} - \dfrac{1}{2}\left(\dfrac{f_{xc}-f_{xt}}{f_{xt}f_{xc}}\sigma_x + \dfrac{f_{zc}-f_{zt}}{f_{zt}f_{zc}}\sigma_z - \dfrac{f_{yc}-f_{yt}}{f_{yt}f_{yc}}\sigma_y \right) \right\} \Big/ \sigma_x\sigma_z
\end{cases}
$$

$$\tag{4.26}$$

(4.26)式是当满足(4.21)式的 σ_x、σ_y、σ_z、τ_{xy}、τ_{yz}、τ_{zx} 使得(4.24)式取驻值时，(4.21)式中的待定系数 A_1、A_2、A_3 与 σ_x、σ_y、σ_z 及 λ^* 之间应该满足的关系。由(4.26)式可见，A_1、A_2、A_3 与 τ_{xy}、τ_{yz}、τ_{zx} 无直接关系，于是可设 $\sigma_x = \sigma_{xr}$、$\sigma_y = \sigma_{yr}$、$\sigma_z = \sigma_{zr}$、$\tau_{xy} = \tau_{yz} = \tau_{zx} = 0$ 为满足(4.21)式的任意一组具体数值（σ_{xr}、σ_{yr}、σ_{zr} 可由破坏实验获得），把它们代入(4.26)式然后再把如此得到的(4.26)式及 $\sigma_x = \sigma_{xr}$、$\sigma_y = \sigma_{yr}$、$\sigma_z = \sigma_{zr}$、$\tau_{xy} = \tau_{yz} = \tau_{zx} = 0$ 代入(4.21)式，则可得到

$$\frac{1}{\lambda^*} = \frac{B_1}{B_2} \tag{4.27}$$

其中

$$\begin{cases} B_1 = 1 - \dfrac{1}{2}\left(\dfrac{f_{xc}-f_{xt}}{f_{xt}f_{xc}}\sigma_{xr} + \dfrac{f_{yc}-f_{yt}}{f_{yt}f_{yc}}\sigma_{yr} + \dfrac{f_{zc}-f_{zt}}{f_{zt}f_{zc}}\sigma_{zr} \right) \\[4mm] B_2 = \dfrac{\dot{E}_x(t)}{E_x^2(t)}\bigg|_{t=0}\sigma_{xr}^2 + \dfrac{\dot{E}_y(t)}{E_y^2(t)}\bigg|_{t=0}\sigma_{yr}^2 + \dfrac{\dot{E}_z(t)}{E_z^2(t)}\bigg|_{t=0}\sigma_{zr}^2 - \left[\dfrac{\mu_{xy}\dot{E}_x(t)}{E_x^2(t)}\bigg|_{t=0} + \dfrac{\mu_{yx}\dot{E}_y(t)}{E_y^2(t)}\bigg|_{t=0} \right]\sigma_{xr}\sigma_{yr} \\[4mm] \qquad - \left[\dfrac{\mu_{zy}\dot{E}_z(t)}{E_z^2(t)}\bigg|_{t=0} + \dfrac{\mu_{yz}\dot{E}_y(t)}{E_y^2(t)}\bigg|_{t=0} \right]\sigma_{yr}\sigma_{zr} - \left[\dfrac{\mu_{zx}\dot{E}_z(t)}{E_z^2(t)}\bigg|_{t=0} + \dfrac{\mu_{xz}\dot{E}_x(t)}{E_x^2(t)}\bigg|_{t=0} \right]\sigma_{xr}\sigma_{zr} \end{cases}$$

$$(4.28)$$

对脆性材料而言，其破坏耗能过程通常都很短暂，因此可以认为在破坏耗能过程中有 $E_i(t) = E_i\left(1 - \dfrac{t}{t_r}\right)$，所以

$$\dot{E}_i(t) = -\dfrac{E_i}{t_r} \tag{4.29}$$

将 (4.29) 式代入 (4.27) 式并将如此得到的 (4.27) 及 (4.29) 式和 $\sigma_x = \sigma_{xr}$、$\sigma_y = \sigma_{yr}$、$\sigma_z = \sigma_{zr}$ 代入 (4.26) 式，则得

$$\begin{cases} A_1 = \left[\dfrac{C_1}{C_2}\left(\dfrac{\sigma_{xr}^2}{E_x} + \dfrac{\sigma_{yr}^2}{E_y} - \dfrac{\sigma_{zr}^2}{E_z} - \dfrac{\mu_{xy}}{E_x}\sigma_{xr}\sigma_{yr} - \dfrac{\mu_{yx}}{E_y}\sigma_{xr}\sigma_{yr} \right) + \dfrac{\sigma_{zr}^2}{f_{zt}f_{zc}} - \dfrac{\sigma_{xr}^2}{f_{xt}f_{xc}} - \dfrac{\sigma_{yr}^2}{f_{yt}f_{yc}} \right. \\[4mm] \qquad \left. - \dfrac{1}{2}\left(\dfrac{f_{xc}-f_{xt}}{f_{xt}f_{xc}}\sigma_{xr} + \dfrac{f_{yc}-f_{yt}}{f_{yt}f_{yc}}\sigma_{yr} - \dfrac{f_{zc}-f_{zt}}{f_{zt}f_{zc}}\sigma_{zr} \right) \right]\bigg/ \sigma_{xr}\sigma_{yr} \\[6mm] A_2 = \left[\dfrac{C_1}{C_2}\left(\dfrac{\sigma_{zr}^2}{E_z} + \dfrac{\sigma_{yr}^2}{E_y} - \dfrac{\sigma_{xr}^2}{E_x} - \dfrac{\mu_{zy}}{E_z}\sigma_{yr}\sigma_{zr} - \dfrac{\mu_{yz}}{E_y}\sigma_{yr}\sigma_{zr} \right) + \dfrac{\sigma_{xr}^2}{f_{xt}f_{xc}} - \dfrac{\sigma_{zr}^2}{f_{zt}f_{zc}} - \dfrac{\sigma_{yr}^2}{f_{yt}f_{yc}} \right. \\[4mm] \qquad \left. - \dfrac{1}{2}\left(\dfrac{f_{zc}-f_{zt}}{f_{zt}f_{zc}}\sigma_{zr} + \dfrac{f_{yc}-f_{yt}}{f_{yt}f_{yc}}\sigma_{yr} - \dfrac{f_{xc}-f_{xt}}{f_{xt}f_{xc}}\sigma_{xr} \right) \right]\bigg/ \sigma_{yr}\sigma_{zr} \\[6mm] A_3 = \left[\dfrac{C_1}{C_2}\left(\dfrac{\sigma_{xr}^2}{E_x} + \dfrac{\sigma_{zr}^2}{E_z} - \dfrac{\sigma_{yr}^2}{E_y} - \dfrac{\mu_{zx}}{E_z}\sigma_{xr}\sigma_{zr} - \dfrac{\mu_{xz}}{E_x}\sigma_{xr}\sigma_{zr} \right) + \dfrac{\sigma_{yr}^2}{f_{yt}f_{yc}} - \dfrac{\sigma_{xr}^2}{f_{xt}f_{xc}} - \dfrac{\sigma_{zr}^2}{f_{zt}f_{zc}} \right. \\[4mm] \qquad \left. - \dfrac{1}{2}\left(\dfrac{f_{xc}-f_{xt}}{f_{xt}f_{xc}}\sigma_{xr} + \dfrac{f_{zc}-f_{zt}}{f_{zt}f_{zc}}\sigma_{zr} - \dfrac{f_{yc}-f_{yt}}{f_{yt}f_{yc}}\sigma_{yr} \right) \right]\bigg/ \sigma_{xr}\sigma_{zr} \end{cases}$$

$$(4.30)$$

其中

$$\begin{cases} C_1 = 1 - \dfrac{1}{2}\left(\dfrac{f_{xc}-f_{xt}}{f_{xt}f_{xc}}\sigma_{xr} + \dfrac{f_{yc}-f_{yt}}{f_{yt}f_{yc}}\sigma_{yr} + \dfrac{f_{zc}-f_{zt}}{f_{zt}f_{zc}}\sigma_{zr} \right) \\ C_2 = \dfrac{\sigma_{xr}^2}{E_x} + \dfrac{\sigma_{yr}^2}{E_y} + \dfrac{\sigma_{zr}^2}{E_z} - \left(\dfrac{\mu_{xy}}{E_x} + \dfrac{\mu_{yx}}{E_y} \right)\sigma_{xr}\sigma_{yr} - \left(\dfrac{\mu_{zy}}{E_z} + \dfrac{\mu_{yz}}{E_y} \right)\sigma_{yr}\sigma_{zr} - \left(\dfrac{\mu_{zx}}{E_z} + \dfrac{\mu_{xz}}{E_x} \right)\sigma_{xr}\sigma_{zr} \end{cases}$$

$$(4.31)$$

将(4.30)式代入(4.21)式，则以(4.21)式表示的正交各向异性线弹性脆性材料的强度准则便完全确定。文献[11]～[14]已将上述准则成功地用于"砌体结构"的抗剪及压剪强度问题研究。

3) 正交各向异性线弹性脆性材料强度准则与基于最小耗能原理的岩石破坏准则及 Mises 准则之间的关系

注意到前面已设 $\sigma_x = \sigma_{xr}$、$\sigma_y = \sigma_{yr}$、$\sigma_z = \sigma_{zr}$、$\tau_{xy} = \tau_{yz} = \tau_{zx} = 0$，所以 σ_{xr}、σ_{yr}、σ_{zr} 实际上是主应力，且应力主轴与材料的弹性主方向 x、y、z 重合。故(4.30)、(4.31)两式中的 σ_{xr}、σ_{yr}、σ_{zr} 可用 σ_{1r}、σ_{2r}、σ_{3r} 表示。对于拉、压强度不等的各向同性体，有 $E_x = E_y = E_z = E$、$\mu_{xy} = \mu_{yx} = \mu_{yz} = \mu_{zy} = \mu_{xz} = \mu_{zx} = \mu$、$f_{xt} = f_{yt} = f_{zt} = f_t$、$f_{xc} = f_{yc} = f_{zc} = f_c$，故对于上述各向同性材料而言，(4.30)及(4.31)两式化为

$$\begin{cases} A_1 = \left[\dfrac{C_1'}{C_2'}\cdot\dfrac{1}{E}(\sigma_{1r}^2 + \sigma_{2r}^2 - \sigma_{3r}^2 - 2\mu\sigma_{1r}\sigma_{2r}) + \dfrac{1}{f_t f_c}(\sigma_{3r}^2 - \sigma_{1r}^2 - \sigma_{2r}^2) \right. \\ \qquad\quad \left. - \dfrac{f_c - f_t}{2f_t f_c}(\sigma_{1r} + \sigma_{2r} - \sigma_{3r}) \right] \Big/ \sigma_{1r}\sigma_{2r} \\ A_2 = \left[\dfrac{C_1'}{C_2'}\cdot\dfrac{1}{E}(\sigma_{3r}^2 + \sigma_{2r}^2 - \sigma_{1r}^2 - 2\mu\sigma_{2r}\sigma_{3r}) + \dfrac{1}{f_t f_c}(\sigma_{1r}^2 - \sigma_{3r}^2 - \sigma_{2r}^2) \right. \\ \qquad\quad \left. - \dfrac{f_c - f_t}{2f_t f_c}(\sigma_{3r} + \sigma_{2r} - \sigma_{1r}) \right] \Big/ \sigma_{2r}\sigma_{3r} \\ A_3 = \left[\dfrac{C_1'}{C_2'}\cdot\dfrac{1}{E}(\sigma_{1r}^2 + \sigma_{3r}^2 - \sigma_{2r}^2 - 2\mu\sigma_{1r}\sigma_{3r}) + \dfrac{1}{f_t f_c}(\sigma_{2r}^2 - \sigma_{1r}^2 - \sigma_{3r}^2) \right. \\ \qquad\quad \left. - \dfrac{f_c - f_t}{2f_t f_c}(\sigma_{1r} + \sigma_{3r} - \sigma_{2r}) \right] \Big/ \sigma_{1r}\sigma_{3r} \end{cases}$$

$$(4.32)$$

$$\begin{cases} C_1' = 1 - \dfrac{f_c - f_t}{2f_t f_c}(\sigma_{1r} + \sigma_{2r} + \sigma_{3r}) \\ C_2' = \dfrac{1}{E}[\sigma_{1r}^2 + \sigma_{2r}^2 + \sigma_{3r}^2 - 2\mu(\sigma_{1r}\sigma_{2r} + \sigma_{2r}\sigma_{3r} + \sigma_{3r}\sigma_{1r})] \end{cases}$$

$$(4.33)$$

将 (4.33) 式代入 (4.32) 式得

$$
\begin{cases}
A_1 = \left\{ \dfrac{\left[1 - \dfrac{f_c - f_t}{2f_t f_c}(\sigma_{1r} + \sigma_{2r} + \sigma_{3r})\right](\sigma_{1r}^2 + \sigma_{2r}^2 - \sigma_{3r}^2 - 2\mu\sigma_{1r}\sigma_{2r})}{\sigma_{1r}^2 + \sigma_{2r}^2 + \sigma_{3r}^2 - 2\mu(\sigma_{1r}\sigma_{2r} + \sigma_{2r}\sigma_{3r} + \sigma_{3r}\sigma_{1r})} \right. \\[4mm]
\qquad\left. + \dfrac{1}{f_t f_c}(\sigma_{3r}^2 - \sigma_{1r}^2 - \sigma_{2r}^2) - \dfrac{f_c - f_t}{2f_t f_c}(\sigma_{1r} + \sigma_{2r} - \sigma_{3r}) \right\} \Big/ \sigma_{1r}\sigma_{2r} \\[6mm]
A_2 = \left\{ \dfrac{\left[1 - \dfrac{f_c - f_t}{2f_t f_c}(\sigma_{1r} + \sigma_{2r} + \sigma_{3r})\right](\sigma_{3r}^2 + \sigma_{2r}^2 - \sigma_{1r}^2 - 2\mu\sigma_{2r}\sigma_{3r})}{\sigma_{1r}^2 + \sigma_{2r}^2 + \sigma_{3r}^2 - 2\mu(\sigma_{1r}\sigma_{2r} + \sigma_{2r}\sigma_{3r} + \sigma_{3r}\sigma_{1r})} \right. \\[4mm]
\qquad\left. + \dfrac{1}{f_t f_c}(\sigma_{1r}^2 - \sigma_{3r}^2 - \sigma_{2r}^2) - \dfrac{f_c - f_t}{2f_t f_c}(\sigma_{3r} + \sigma_{2r} - \sigma_{1r}) \right\} \Big/ \sigma_{2r}\sigma_{3r} \\[6mm]
A_3 = \left\{ \dfrac{\left[1 - \dfrac{f_c - f_t}{2f_t f_c}(\sigma_{1r} + \sigma_{2r} + \sigma_{3r})\right](\sigma_{1r}^2 + \sigma_{3r}^2 - \sigma_{2r}^2 - 2\mu\sigma_{1r}\sigma_{3r})}{\sigma_{1r}^2 + \sigma_{2r}^2 + \sigma_{3r}^2 - 2\mu(\sigma_{1r}\sigma_{2r} + \sigma_{2r}\sigma_{3r} + \sigma_{3r}\sigma_{1r})} \right. \\[4mm]
\qquad\left. + \dfrac{1}{f_t f_c}(\sigma_{2r}^2 - \sigma_{1r}^2 - \sigma_{3r}^2) - \dfrac{f_c - f_t}{2f_t f_c}(\sigma_{1r} + \sigma_{3r} - \sigma_{2r}) \right\} \Big/ \sigma_{1r}\sigma_{3r}
\end{cases} \tag{4.34}
$$

将 $\sigma_x = \sigma_1$、$\sigma_y = \sigma_2$、$\sigma_z = \sigma_3$、$\tau_{xy} = \tau_{yz} = \tau_{zx} = 0$、$f_{xt} = f_{yt} = f_{zt} = f_t$、$f_{xc} = f_{yc} = f_{zc} = f_c$ 以及 (4.34) 式代入 (4.21) 式,则得材料为各向同性情况下 (4.21) 式的表达式

$$
\frac{1}{f_t f_c}(\sigma_1^2 + \sigma_2^2 + \sigma_3^2) + A_1\sigma_1\sigma_2 + A_2\sigma_2\sigma_3 + A_3\sigma_3\sigma_1 + \frac{f_c - f_t}{f_t f_c}(\sigma_1 + \sigma_2 + \sigma_3) - 1 = 0
$$

$$\tag{4.35}$$

通过比较 (4.34)、(3.17a) 两式可见有 $A_1 = \dfrac{A_1'}{f_t f_c}$、$A_2 = \dfrac{A_2'}{f_t f_c}$、$A_3 = \dfrac{A_3'}{f_t f_c}$,其中 A_1'、A_2'、A_3' 就是由 (3.17a) 式给出的 A_1、A_2、A_3。显然,对 (4.35) 式等号两边同乘 $f_t f_c$ 之后 (4.35) 式即化为 (3.14a) 式。由此可见,3.2 节中建立的基于最小耗能原理的岩石破坏准则(由 (3.14a) 及 (3.17a) 两式给定),可作为由本节建立的正交各向异性材料强度准则的一个特例,直接由 (4.21) 式及 (4.34) 式导出。

对于各向同性且 $f_t = f_c = f$ 的情况，(4.35)式即化为

$$\sigma_1^2 + \sigma_2^2 + \sigma_3^2 + A_1'\sigma_1\sigma_2 + A_2'\sigma_2\sigma_3 + A_3'\sigma_3\sigma_1 - f^2 = 0 \tag{4.36}$$

显然，当 $A_1' = A_2' = A_3' = -1$ 时，则有

$$\sigma_1^2 + \sigma_2^2 + \sigma_3^2 - (\sigma_1\sigma_2 + \sigma_2\sigma_3 + \sigma_3\sigma_1) = f^2 \tag{4.37}$$

这表明 Mises 准则也可视为是由本节建立的正交各向异性材料强度准则的特例。显然，以上情况说明，基于最小耗能原理的强度准则具有很好的"兼容"性，而这是现有的各种强度理论体系所不具备的。

2. 关于材料非线性对强度准则的影响

如前所述，以(4.21)式和(4.34)式表示的"准则"是在材料破坏前应力、应变关系为线性的情况下导出的。下面讨论材料在破坏前应力、应变关系为非线性情况时将对"准则"产生什么影响的问题。如第 1 章之 1.4.2 节所述，强度准则与材料破坏前、后的性能(即本构关系)以及应力状态三个因素有关，并且具有待定系数的"准则"表达式(如(3.10)式、(4.14)式)将主要由材料发生破坏前的性能(即破坏前的本构关系)决定；破坏过程中的耗能率表达式(如(3.9)式、(4.24)式)则主要由破坏过程中的材料性能(即破坏过程中的本构关系)决定；"准则"表达式中的待定系数(如(3.17a)式、(4.34)式)则与应力状态和材料破坏性能有关。因此，材料在破坏前的本构关系为非线性的情况下，将具有比(3.10)式或(4.14)式更复杂的"准则"表达式。

由基于最小耗能原理的材料破坏理论知，所谓"准则"的物理意义为：它是一个促使材料破坏所需消耗能量的临界值表达式，其临界值就是"准则"中的常数项。因为促使材料破坏的能量仅是材料在荷载作用下产生的总能量中的某些特定部分(即总能量中的能够促使材料发生破坏的自由能中的部分能量)，所以它可用一具有待定成分的类似于总能量的表达式来表示，即这种所谓"特定部分"是通过类似于总能量表达式中的待定系数来体现的。于是在已知材料破坏前本构关系的条件下，"准则"就可用一关于在荷载作用下产生的应力的包含有待定系数且等于或高于应力的二次多项式等于某常数(即临界值)的方程来表示。显然，对于在破坏前材料为线性本构关系的情况，"准则"应是应力的包含有待定系数的二次齐次多项式等于某常数(即临界值)的方程；若该种材料的单轴抗拉、压强度不相等，"准则"就应是关于应力的完整的、包含有待定系数的二次多项式等于某常数(即临界值)的方程(如(3.10)式、(4.14)式)。显然，"准则"中包含有待定系数的关于应力的一次项，就相当于认为拉、压强度不等是因为材料中存在着初应力造

成的。根据同样的道理，对于材料在破坏前为非线性本构关系的情况，例如应变与应力的 n 次方有关，并且材料的抗拉、压强度不相等，那么"准则"就应该是关于应力的、包含有待定系数的 $(n+1)$ 和 n 次多项式等于某常数(即临界值)的方程；若材料的拉、压强度相等，则为包含有待定系数的、关于应力的 $(n+1)$ 次的齐次多项式等于某常数(即临界值)的方程。例如，在材料为各向同性的情况下，若拉、压强度不等且有 $\varepsilon_i = B_1\sigma_i^n - B_2(\sigma_j^n + \sigma_k^n)$ (其中 i、j、k 按 1、2、3 顺序轮换)，则"准则"可取为

$$a_1\sigma_1^{n+1} + a_2\sigma_2^{n+1} + a_3\sigma_3^{n+1} + a_4\sigma_1\sigma_2^n + a_5\sigma_1\sigma_3^n + a_6\sigma_2\sigma_1^n + a_7\sigma_2\sigma_3^n + a_8\sigma_3\sigma_1^n + a_9\sigma_3\sigma_2^n +$$
$$a_{10}\sigma_1^n + a_{11}\sigma_2^n + a_{12}\sigma_3^n + a_{13} = 0$$

若拉、压强度相等，则"准则"可取为

$$a_1\sigma_1^{n+1} + a_2\sigma_2^{n+1} + a_3\sigma_3^{n+1} + a_4\sigma_1\sigma_2^n + a_5\sigma_1\sigma_3^n + a_6\sigma_2\sigma_1^n + a_7\sigma_2\sigma_3^n + a_8\sigma_3\sigma_1^n + a_9\sigma_3\sigma_2^n +$$
$$a_{10} = 0$$

关于材料在破坏过程中的耗能率表达式(如(3.9)式或(4.24)式)，若已知破坏过程中材料的本构关系，则可将已知的破坏过程中的本构关系(无论是线性或非线性)代入(3.4)式或(4.11)式予以确定。

在确定了关于材料非线性情况下的包含有待定系数的"准则"表达式(即方程)及其在破坏过程中的耗能率表达式之后，即可按 3.2 节或 4.4.3 节之 1.所述的方法确定"准则"表达式中的待定系数。于是就可得到确定的关于非线性材料的强度准则。

需要指出的是，与所有的非线性问题的一样，要完成上述建立"准则"的推演过程，也会遇到一些数学上的麻烦，从而不得不依实际情况采用一些各不相同的近似处理方式去解决问题。

3. 黏、塑性对围岩破坏时所能释放能量大小的影响

虽然黏、塑性变形过程意味着岩石实际上已在微、细观层次上发生了破坏，但如果将具有黏、塑性性能岩石的破坏定义为"是在荷载作用下发生的最终宏观性的破坏"，则岩石的黏、塑性对被定义为"促使岩石发生宏观破坏时所需消耗能量的临界值表达式"的"准则"本身而言，并不会产生实质性的影响。众所周知，荷载作用下产生的总应变能中的黏、塑性应变能部分，因黏、塑性变形的不可恢复性而实际上已被消耗掉，所以它既不能在因开挖导致的"卸载"时像弹性应变能一样被释放，也不能为岩石最终发生宏观性破坏形成的碎块新表面提供"表面能"，所以总应变能中的黏、塑性应变能部分不是自由能，它不能成为促使岩石发生宏观破坏时所需消耗能量(即上述被转化为"表面能"和被转化为以动能形式释

放的能量)中的组成部分，即它不会对"准则"产生实质性的影响。它的影响主要体现在，若在荷载作用下岩石产生的总应变能相同，则可视为完全弹性体的岩石在发生宏观破坏时将会比具有黏、弹、塑性性质的岩石在发生宏观破坏时释放出更多的能量，后者所能释放的能量数值，只要已知加、卸载情况下的岩石本构关系，即可在应力、应变分析中计算出不可恢复的黏、塑性变形数值之后予以定量确定。即在确定了因黏、塑性不可恢复变形所消耗掉的那部分能量之后，将其从总应变能中扣除，然后将剩余部分减去以"准则"常数项表示的岩石发生宏观破坏所需消耗能量的临界值相应的那部分能量，最后剩余的部分就是在考虑黏、塑性之后围岩发生宏观破坏时所能释放的能量。显然，据此即可定量确定围岩破坏区所释放的总能量。而未破坏区因"卸载"所能释放的总能量，也同样可由在只考虑"卸载"前后总应变能中的弹性应变能变化的情况后予以定量确定。

综上，在完成了以上三项工作之后，即可对在各向异性、非线性、黏、弹、塑性的地层岩体中开挖巷道或洞室是否会引发岩爆的问题作出定量性的判断。这相当于揭示了在这种情况下的岩爆机理。

4.4.4　滑移型岩爆机理

关于岩爆的分类，目前虽然还未统一[3, 4, 15, 16]，但各种不同的分类之间其实并无本质上的区别。可以认为：岩爆可分为应变型岩爆和滑移型岩爆两大类，前者是因巷道或洞室围岩或其间的岩柱发生破坏而引发的。本章在此之前的内容，虽然看似讨论的是因巷道或洞室围岩破坏而引发的应变型岩爆机理问题，但正如4.3.4 节指出的那样，岩柱破坏引发的应变型岩爆机理与围岩破坏引发的应变型岩爆机理是相同的(即它们都是因开挖扰动引起的应力状态的变化而引发的)，因此它们都可按 4.2 节和 4.3 节介绍的方法计算出围岩或岩柱破坏时在破坏区及非破坏区可释放能量的大小(其区别之处可参见 4.3.4 节所述)，并据此进行定量性的分析。

关于滑移型岩爆，文献[4]介绍了在假设滑移面可视为平面的条件下，若设垂直作用于滑移面的正应力为 σ，作用于滑移面上的剪应力为 τ，相应的摩擦抗力为 $\tau_t \leqslant \mu\sigma + c$(其中 μ 为摩擦系数，c 为黏结力)，则发生滑移破坏的条件可表为

$$\tau > \tau_t = \mu\sigma + c \tag{4.38a}$$

显然，若以 T 表示作用于实际断层滑移面上的总剪切力，以 P 表示作用在滑移面上的垂直于滑移面的总正压力，则沿此断层滑移面的滑移破坏条件可表示为

$$T > \mu P + C \tag{4.38b}$$

其中，μ 可视为断层滑移面摩擦系数的平均值；C 可视为断层滑移面上的总黏结力。只要通过力学分析及试验确定了 (4.38b) 式中的 T、P、μ 和 C 之后，(4.38b) 式就可作为定量分析是否会沿断层面发生滑移破坏的判据。下面根据最小耗能原理来导出 (4.38b) 式。

假设总剪切力 $T = T(t)$ 是一个与开挖过程时间 t 相依的变量，并设 $T(t)$ 与因其作用而产生的相应位移 $V(t)$ 之间有着简单的线性物理关系

$$T(t) = KV(t) \tag{4.39}$$

其中，K 为与断层介质有关的材料常数。若假设总剪切力 $T(t)$ 与开挖过程时间 t 成正比关系增长（即设 $T(t) = T_0 t$，T_0 是由实验和观测决定的待定系数），则由 (4.39) 式有

$$V(t) = \frac{T(t)}{K} = \frac{T_0 t}{K} \tag{4.40}$$

于是由 (4.40) 式有

$$\frac{\mathrm{d}V(t)}{\mathrm{d}t} = \dot{V}(t) = \frac{T_0}{K} \tag{4.41}$$

因此沿断层面滑移破坏时的耗能率可表为

$$\varphi(t_r) = T(t_r)\dot{V}(t_r) = \frac{T_0^2 t_r}{K} \tag{4.42}$$

其中，t_r 为沿断层面发生滑移破坏的时刻。在已知 (4.39) 式的条件下，促使沿断层面发生滑移破坏能量的临界值表达式（即断层滑移破坏准则）可表示为

$$F[T(t_r)] = F(T_0 t_r) = 0 \tag{4.43}$$

其中，$F(T_0 t_r)$ 为 $T_0 t_r$ 的待定函数。于是根据最小耗能原理，(4.42) 式应在满足 (4.43) 式的条件下取驻值。因为 t_r 实际上也是一个待定常数，于是在引入 Lagrange 乘子 λ 之后有

$$\begin{cases} \dfrac{\partial}{\partial T_0}\left[\dfrac{T_0^2 t_r}{K} + \lambda F(T_0 t_r)\right] = \dfrac{2T_0 t_r}{K} + \lambda \dfrac{\partial F(T_0 t_r)}{\partial T_0} = 0 \\[3mm] \dfrac{\partial}{\partial t_r}\left[\dfrac{T_0^2 t_r}{K} + \lambda F(T_0 t_r)\right] = \dfrac{T_0^2}{K} + \lambda \dfrac{\partial F(T_0 t_r)}{\partial t_r} = 0 \end{cases} \tag{4.44}$$

于是有

$$\begin{cases} \dfrac{\partial F(T_0 t_r)}{\partial T_0} = -\dfrac{2T_0 t_r}{\lambda K} \\[3mm] \dfrac{\partial F(T_0 t_r)}{\partial t_r} = -\dfrac{T_0^2}{\lambda K} \end{cases} \tag{4.45}$$

将 (4.45) 式代入 $\mathrm{d}F(T_0 t_r) = \dfrac{\partial F(T_0 t_r)}{\partial T_0}\mathrm{d}T_0 + \dfrac{\partial F(T_0 t_r)}{\partial t_r}\mathrm{d}t_r$，并积分可得

$$
\begin{aligned}
F(T_0 t_r) &= \int \frac{\partial F(T_0 t_r)}{\partial T_0}\mathrm{d}T_0 + \int \frac{\partial F(T_0 t_r)}{\partial t_r}\mathrm{d}t_r + c \\
&= -\frac{T_0^2 t_r}{\lambda K} - \frac{T_0^2 t_r}{\lambda K} + c \\
&= -\frac{2T_0^2 t_r}{\lambda K} + c
\end{aligned}
\tag{4.46}
$$

其中，c 为积分常数。将 (4.46) 式代入 (4.43) 式可得到以滑移破坏时的总剪切力 $T_0 t_r$ 表示的沿断层面的滑移破坏准则

$$
T_0 t_r = C_1
\tag{4.47a}
$$

其中 $C_1 = \dfrac{c\lambda K}{2T_0}$。以 (4.47a) 表示的准则的物理意义是：当总剪切力 $T_0 t_r$ 大于某个可以经过分析、实验和观测确定的已知临界值 C_1 时，就会沿断层面发生滑移破坏。若将 C_1 取为 $C_1 = \mu P + C$，则由 (4.47a) 式可得到

$$
T(t_r) = T_0 t_r > \mu P + C
\tag{4.47b}
$$

可见已为学界接受的以 (4.47b) 式表示的准则，亦可视为是由最小耗能原理导出的"准则"的一种特例。下面讨论如何确定沿断层面发生滑移破坏时所能释放的能量。

如前所述，要使沿断层面发生滑移破坏，所需提供的总能量为

$$
W_{t_r} = T(t_r)V(t_r) = T_0 t_r \cdot \frac{T_0 t_r}{K} = \frac{(T_0 t_r)^2}{K}
\tag{4.48}
$$

而沿断层面滑动破坏时因摩擦转化为热能而被消耗掉的总能量为

$$
W_h = \mu P(t_r)V(t_r) = \mu P(t_r)\frac{T_0 t_r}{K}
\tag{4.49}
$$

于是若不计黏结力的影响，则沿断层面发生滑移破坏时所能释放的总动能为

$$
W_K = W_{t_r} - W_h = \frac{T_0 t_r}{K}\left[T_0 t_r - \mu P(t_r)\right]
\tag{4.50}
$$

据此即可确定沿断层面发生滑移破坏所引发的岩爆的烈度。显然，这也相当于对滑移型岩爆的机理作出了定量性的理论解释。

4.4.5　基于最小耗能原理的岩石整体破坏准则与岩爆机理研究

文献[17]指出：现有强度理论体系中的各种屈服或破坏准则，都是关于一点的局部准则。按此局部准则进行强度设计，只要工程构件中某点的应力(或应变)

状态满足准则(即强度丧失),就认为该构件已经失效。这种强度设计思想虽然简单且偏于安全,但在许多情况下并不符合实际。例如,对在加载之前就已拥有许多缺陷甚至是不连续的大体积岩体而言,虽然在荷载作用下其中可能早就有若干点实际上已处于强度丧失、不能承受荷载的失效状态,但通常这些大体积岩体并不会发生整体破坏(即整体失效)。显然,若用现有强度理论体系中的各种基于一点应力(或应变)状态建立的局部准则来分析大体积岩体在荷载作用下的破坏问题,只能认为大体积岩体中凡是满足"准则"的点所组成的区域才是其中会发生破坏的区域,但是由 4.3.4 节知,这将导致对可能发生破坏岩体的体积估计偏低的结果。因为如 4.3.4 节所述,用这种关于一点的局部准则确定的破坏区内的岩石破碎之后,破坏区内的破碎岩体将不再承受荷载(即其中的应力将因岩体破坏而被"清零"),其原来承受的那部分荷载将被转移到由未破坏区的岩体去承担,这将使原来被认为是未破坏区中的部分岩体发生破坏。为确定这种因荷载转移而导致的新破坏区的大小及由其引发的能量释放数量,就需要进行如 4.3.4 节中所述的"重复"计算。另外,对大体积岩体中凡是满足"准则"的点所组成的区域发生了破坏,是否就一定会导致大体积岩体发生整体破坏尚无法说清楚。然而,用文献[17]建立的基于最小耗能原理的岩石整体破坏准则,则可弥补关于一点的局部准则的上述各种不足。

由文献[17]中第 5 章可知,在引入广义力概念之后,即可采用类似于文献[17]中第 5 章的方法,由以一点应力表示的局部准则(例如(3.14a)式或(3.18)式)导出与之相应的以广义力表示的岩石整体破坏准则。在建立上述"整体破坏准则"之后,即可按文献[17]之 6.2.3 节及 6.2.5 节介绍的方法,根据"整体破坏准则"来确定发生岩爆的部位及其范围大小和岩爆的烈度。下面对此情况进行简单介绍,详细内容可参见文献[17]。

1. 作用于某有限体 V 中的广义力

设 V 为某承受荷载作用区域中的一个有限部分。在用有限元法计算出 V 中各单元的平均应力 $\bar{\sigma}^e$ 之后,定义与问题所选定的 V 相应的广义力 $\underset{\sim}{T}$ 的具体数值为

$$\underset{\sim}{T} = \sum_{e=1}^{N} \bar{\underset{\sim}{\sigma}}^e \Delta V_e^{\frac{2}{3}} \tag{4.51}$$

其中,N 为 V 中划分的单元总数;e 为单元编号;$\bar{\underset{\sim}{\sigma}}^e$ 为 e 单元中的平均应力;ΔV_e 表示 e 单元的体积且有 $\sum_{e=1}^{N} \Delta V_e = V$。由(4.51)式可见,作用于 V 的广义力 $\underset{\sim}{T}$ 实际上是表示整体 V 受力状态的一个二阶张量,它类似于体积为 V 的有限立方体的应力

张量。即若将 $\underset{\sim}{\sigma}$ 设为一小球体中某点的应力张量，则 $\underset{\sim}{T}$ 即相当于将上述小球放大，例如放大为地球之后，地球中某个边长为 $V^{\frac{1}{3}}$ 的立方体中的平均意义下的应力张量，立方体 V 本身则相当于地球中的一个点。由于上述广义力概念的引入，有可能将建立在连续介质力学应力概念基础上的强度理论体系推广应用到一些经常被认为是非均质、非连续的介质（如地下岩体）之中。因为工程力学中所谓的连续介质，从细观来看其实质是非均质、非连续的介质，其所谓的应力也是平均意义下的应力。

2. 整体破坏准则

这里所谓的整体破坏，是指某一整体 V 中因荷载作用而产生（即聚积）的总能量 $\varPhi$（对各向同性线弹性体而言，有

$$\varPhi = \sum_{e=1}^{N} \frac{\Delta V_e}{2} \sigma_i^e \varepsilon_i^e = \sum_{e=1}^{N} \frac{\Delta V_e}{2E} \left[\left(\sigma_1^e \right)^2 + \left(\sigma_2^e \right)^2 + \left(\sigma_3^e \right)^2 - 2\mu \left(\sigma_1^e \sigma_2^e + \sigma_2^e \sigma_3^e + \sigma_3^e \sigma_1^e \right) \right]$$

其中，σ_i^e、ε_i^e 为 e 单元的平均主应力和平均主应变；E 为弹性模数；μ 为泊松比，并且有 $V = \sum\limits_{e=1}^{N} \Delta V_e$，其中 ΔV_e 为 e 单元的体积）被完全消耗和释放的情况；这里所谓的整体破坏准则，是指 V 在发生整体破坏时所必须满足的条件，即只有在满足整体破坏准则的条件下，V 中因荷载作用而聚积的总能量 $\varPhi$ 被完全消耗和释放的情况（即整体破坏）才有可能发生。

3. 由以某点应力表示的岩石局部破坏准则导出与之相应的以广义力表示的岩石整体破坏准则

设 f_c^V、f_t^V 分别为与有限体 V（即整体 V）在单轴压、拉情况下发生整体破坏时所对应的广义力分量（即广义力表示的整体 V 的单轴抗压及抗拉强度），于是由 (4.51) 式可得

$$\begin{cases} f_c^V = f_c V^{\frac{2}{3}} \\ f_t^V = f_t V^{\frac{2}{3}} \end{cases} \tag{4.52}$$

其中，f_c、f_t 分别为由一组大试件确定的岩石单轴抗压、拉强度的平均值。设 $\bar{\sigma}_i \left(i = 1, 2, 3 \right)$ 为整体 V 的平均意义下的主应力（$\bar{\sigma}_i \left(i = 1, 2, 3 \right)$ 可由 V 的平均意义下的 6 个应力分量 $\bar{\sigma}_x, \cdots, \bar{\tau}_{zx}$ 确定，其中 $\bar{\sigma}_x = \sum\limits_{e=1}^{N} \bar{\sigma}_x^e \Delta V_e^{\frac{2}{3}} \Big/ V^{\frac{2}{3}}$，$\cdots$，$\bar{\tau}_{zx} =$

$\sum\limits_{e=1}^{N} \overline{\tau}_{zx}^{e} \Delta V_e^{\frac{2}{3}} \Big/ V^{\frac{2}{3}}$ ）则由 (4.51) 式知，与之相应的广义力的主值可表为

$$T_{ii} = \overline{\sigma}_i V^{\frac{2}{3}} \quad (i = 1, 2, 3) \tag{4.53}$$

于是在将 (3.14a)、(3.18) 两式中的 $\sigma_i (i = 1, 2, 3)$ 换为 V 中平均意义下的主应力 $\overline{\sigma}_i$ 之后，对 (3.14a)、(3.18) 两式等号两边同乘以 $V^{\frac{4}{3}}$ 并注意到 (4.52)、(4.53) 两式，则可得到与 (3.14a)、(3.18) 两式相应的关于 V 的以其广义力主值表示的岩石整体破坏准则分别为

$$T_{11}^2 + T_{22}^2 + T_{33}^2 + A_1 T_{11} T_{22} + A_2 T_{22} T_{33} + A_3 T_{33} T_{11} + \left(f_c^V - f_t^V \right) (T_{11} + T_{22} + T_{33}) - f_c^V f_t^V = 0 \tag{3.14$'$}$$

$$T_{11}^2 + T_{22}^2 + T_{33}^2 + 8.135 T_{11} T_{22} - 1.264 T_{22} T_{33} - 4.408 T_{33} T_{11} + 12.400 (T_{11} + T_{22} + T_{33}) - f_c^V f_t^V = 0 \tag{3.18$'$}$$

(3.14)′、(3.18)′ 两式即为在假设从宏观来看有限体 V 可视为各向同性、线弹性且拉、压强度不等材料情况下，关于 V 的与 (3.14a)、(3.18) 两式表示的"准则"相应的岩石整体破坏准则。于是根据 (3.14)′、(3.18)′ 式即可按文献 [17] 中 6.2.3 节及 6.2.5 节所述方法来确定围岩可能发生破坏的部位及范围大小 (即 V 所在的部位及范围大小) 以及因 V 发生整体破坏而可能释放的能量，并据此判定会引发何等强度的岩爆。

4.4.6 关于开挖掘进形成的巷道在间隔了一段时间之后才发生的岩爆机理探索

实际工程中的岩爆现象大多在开挖掘进时形成了巷道，并在间隔了一段时间之后才会发生，且这种岩爆的发生与挖掘巷道的进尺速度有关，随着挖掘进度的加快，发生岩爆的可能性也随之增加。造成这种情况的原因是：因为在掌子面附近巷道截面内围岩的组合应力状态，将随着 TBM 的向前掘进而处于由三向应力状态向平面应变应力状态的转变过程之中，并且上述组合应力状态受持续掘进扰动及因持续不断掘进形成的新自由面卸载的影响相对较大，以致在刚开始形成巷道之时尚未达到满足岩石破坏准则的围岩组合应力状态，在从上述三向应力状态向平面应变应力状态的转变过程中，就可能会达到满足岩石破坏准则的情况。

对于上述情况下岩爆的定量分析问题，需要借助于有限元法进行动态分析 (即在持续的开挖扰动和掌子面向前推进的情况下，用有限元法分析原已形成的巷道围岩的组合应力状态随开挖掘进进尺而发生变化的情况。显然，借助于有限元法

是可能进行这种动态分析的)。在上述动态分析的基础上,即可根据本章 4.2 节和 4.3 节所介绍的方法,对这种岩爆类型发生的可能性及发生时可能释放的能量进行定量分析。

顺便指出,由于这类岩爆通常都属于应变型岩爆,其所涉及的破坏岩体的体积与滑移型岩爆涉及的破坏岩体的体积相比一般都较小,因此它也可借助于 4.4.5 节介绍的方法,应用基于最小耗能原理的岩石整体破坏准则进行定量分析。

显然,在以上两种定量分析的基础上就可对这类岩爆现象进行定量性的理论解释。

4.5　最小耗能原理与岩爆研究

如本书第 2 章所述,最小耗能原理是一个自然界的普适性原理。由于耗能现象与力学、物理学、化学、材料科学、生命科学以及一系列工程科学密切相关,所以最小耗能原理能为解决这些学科中与耗能现象有关的各类问题提供帮助。文献[18]指出:最小耗能、耗散结构、互补结构与绝对零度达不到、热力平衡等原理,都是以不同的视角在揭示着自然界各种能量变化过程中的客观规律。遗憾的是,迄今为止,经典热力学框架体系中始终没有重视最小耗能原理的科学价值。众所周知,岩爆研究可纳入热力学理论框架体系之中,因此最小耗能原理也能为岩爆研究提供帮助。目前在这方面公开发表的成果虽有(如文献[19]和[20])但还很少。本书第 3、4 两章就是试图沿此途径做点"抛砖引玉"的工作。

笔者认为,目前岩爆研究面临的主要困难在于:①如何才能建立起一个能够反映包括卸载在内的各种不同加、卸载路径下岩石破坏规律的强度准则;②如何才能定量地确定开挖造成的围岩破坏究竟能释放多少能量。由本书的第 3、4 两章可以看出,在岩石可视为各向同性、线弹性且拉、压强度不等材料的条件下,最小耗能原理有可能为解决在岩爆研究中所面临的上述两个主要困难提供帮助,并且如在本章所看到的那样,最小耗能原理还能为解决一些更为复杂情况下的岩爆研究问题提供一些新的思路和技术路径。综上可见,最小耗能原理或许有可能成为研究岩爆问题的基本原理。

参 考 文 献

[1] 徐芝纶. 弹性力学(第二版)上册. 北京:高等教育出版社,1982.

[2] 萨文 r H. 孔附近的应力集中. 卢鼎霖译. 北京：科学出版社，1958.

[3] 马天辉，唐春安，蔡明. 岩爆分析、监测与控制. 大连：大连理工大学出版社，2014.

[4] 钱七虎. 岩爆、冲击地压的定义、机制、分类及其定量预测模型. 岩土力学，2014，35(1)：1-6.

[5] 谭以安. 岩爆特征及岩体结构效应. 中国科学 B 辑，1991，9：985-991.

[6] 俞茂宏. 强度理论新体系. 西安：西安交通大学出版社，1992.

[7] 刘锡礼，王秉权. 复合材料力学基础. 北京：中国建筑工业出版社，1984.

[8] 赵渠森. 复合材料. 北京：国防工业出版社，1979.

[9] 王宝来，温凤春，梁军. 基于最小耗能原理的复合材料强度问题研究. 第十四届全国复合材料学术会议论文集(下)，2006：903-907.

[10] 余天庆，钱济成. 损伤理论及其应用. 北京：国防工业出版社，1993.

[11] 蔡勇. 基于最小耗能原理的砌体抗剪强度统一模式. 中南大学学报(自科版)，2007，38(5)：993-999.

[12] 蔡勇，施楚贤，马超林，等. 砌体在剪——压作用下抗剪强度研究. 建筑结构学报，2004，25(5)：118-123.

[13] 陶秋旺，施楚贤. 多孔砖砌体抗剪强度研究. 山西建筑，2005，31(10)：17，18.

[14] 蔡勇. 砌体在剪——压复合作用下抗震抗剪强度分析. 建筑结构，2011，41(2)：74-77.

[15] Ortlepp W O. Rock fracture and rockbursts(R). South African Institute：Mining Metallurgy，1997.

[16] Kuhnt W，Knoll P，Grosser H，et al. Seismological models for mining-induced seismic events. Pageoph，1989，129(3/4)：513-521.

[17] 周筑宝，唐松花. 基于最小耗能原理的地震预测、预报理论，北京：科学出版社，2015.

[18] 杨金福. 热力循环系统集成及其能量标度的研究与探讨. 工程热物理学报，2014，35(3)：416-422.

[19] 陈剑红. 基于能量原理岩爆损伤演化模型研究. 科技论坛(下半月)，2008，05：36，37.

[20] 刘滨，刘泉声. 岩爆孕育发生过程中的微震活动规律研究. 采矿与安全工程学报，2011，28(2)：174-180.

第 5 章　根据基于最小耗能原理的岩石破坏理论预测岩爆

5.1　根据基于最小耗能原理的岩石破坏理论预测岩爆的思路及步骤

由本书之"1.5.2 发生岩爆的条件"知，只有当以下三个条件同时得到满足时，才能认为发生了岩爆：①在地层深部进行开挖掘进；②开挖掘进导致围岩发生了破坏(包括岩柱或沿已有断裂面的滑移破坏在内的各种形式破坏)；③由于围岩破坏而导致岩体发生了猛烈的能量释放。因此，根据基于最小耗能原理的岩石破坏理论预测在地层深部进行开挖掘进是否会引发岩爆的思路及步骤应该是：①通过理论分析或现场实测，确定开挖掘进区在开挖掘进之前的初始地应力场；②按孔附近的应力集中理论，确定因开挖掘进形成的巷道或洞室自由面被卸载而引起的扰动应力与开挖掘进前的初始地应力二者的组合应力状态；③根据由步骤②获得的"组合应力状态"及基于最小耗能原理的岩石破坏准则，确定巷道或洞室围岩是否会发生破坏以及在什么部位、在多大的范围内会发生破坏；④在完成了以上①～③步工作之后，若得出的是围岩不会发生破坏的结论，则可肯定相应的开挖掘进一定不会引发岩爆；若得出的是围岩会在一定范围内发生破坏的结论，则需要按本书第 4 章中 4.3 节所述方法，来判定因开挖掘进导致的围岩破坏是否会引发岩爆或会引发何等强度的岩爆，从而达到预测岩爆的目的。

5.2　预测在什么情况下进行巷道或洞室的开挖掘进就肯定不会引发岩爆

由 5.1 节知，开挖掘进和因开挖掘进导致地下巷道或洞室围岩发生了破坏这两个因素，都只能认为是引发岩爆的必要条件。因此，若根据 5.1 节所述思路和步骤之①～③步工作得出了在开挖掘进时巷道或洞室围岩不会发生破坏的结论，则与之相应的开挖掘进就肯定不会引发岩爆。由本书第 4 章知，在岩石可视为各向同性、线弹性且拉、压强度不等材料的条件下，5.1 节所述思路和步骤之①～④都是定量性的工作，因此在同样条件下按上述思路与步骤得出的预测在什么情况下进行的巷道或洞室开挖掘进肯定不会引发岩爆的结论也一定是基于定量分析的肯定性结论。例如，本书 4.2 节在只考虑自重作用而不计及构造应力场、并把岩石视为各向同性、线弹性且单轴拉、压强度、容重、泊松比分别为 $f_t = 4.28\,\text{MPa}$、$f_c = 16.68\,\text{MPa}$、$\gamma = 2.4\,\text{T/m}^3$、$\mu = 0.2$ 材料的条件下，得到了在埋深 $h \leqslant 340\,\text{m}$ 的情况下，开挖掘进圆形巷道就肯定不会引发岩爆的定量性结论。需要指出的是，上述定量性结论除了如在 4.2 节中看到的那样与开挖巷道的埋深 h 有关之外，还与开挖掘进的巷道截面形状有关，也就是说，在与上述条件完全相同（即在只考虑自重作用以及在岩石可视为各向同性、线弹性且单轴拉、压强度、容重、泊松比分别为 $f_t = 4.28\,\text{MPa}$、$f_c = 16.68\,\text{MPa}$、$\gamma = 2.4\,\text{T/m}^3$、$\mu = 0.2$ 材料）的情况下，如果开挖掘进的巷道截面形状不是圆形（如正方形或椭圆形），则开挖掘进肯定不会引发岩爆的埋深 h 值就会因巷道截面形状不同而不同。现以挖掘正方形截面巷道为例进行说明：

文献 [1] 按复变函数求解弹性力学平面问题方法 [2]，在将映象函数取为

$$\omega(\zeta) = R\left(\frac{1}{3} - \frac{1}{6}\zeta^3 + \frac{1}{56}\zeta^7 - \frac{1}{176}\zeta^{11}\right) \tag{5.1}$$

时，得到了具有圆角正方形孔口的无限大薄板（或无限长柱）在上、下两边无穷远处作用有均布荷载 q 时，与孔边界上不同 θ 角对应点处的切向正应力 σ_θ 的理论解答（见文献 [1] P54 之表 2）。于是按叠加法并注意到问题的对称性，可得到图 5.1(a)（图 5.1(b) 为放大后的正方形孔口）所示荷载作用下与孔口边界上不同 θ 角对应点处的切向正应力 σ_θ 等于如表 5.1 所示两项之和。

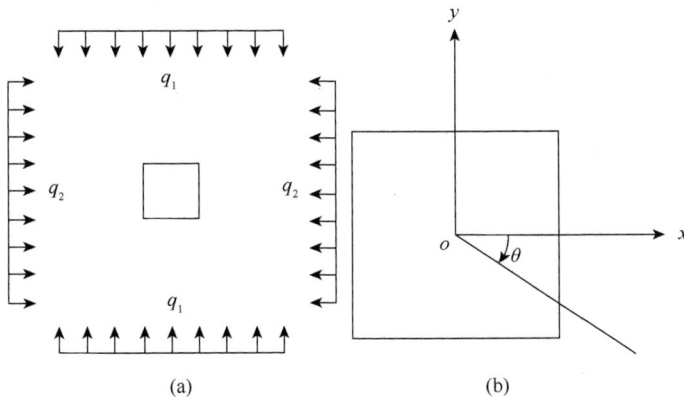

图 5.1　具有圆角正方形孔的无限大薄板（或长柱体）在双向受力情况下
孔附近应力集中问题的计算模型

表 5.1　图 5.1(a) 所示荷载作用下与正方形孔口边界上不同 θ 角对应点处的切向正应力 σ_θ

θ	0°	15°	30°	40°	45°
σ_θ	$1.616q_1 - 0.871q_2$	$1.802q_1 - 0.901q_2$	$1.932q_1 - 0.702q_2$	$4.230q_1 + 0.265q_2$	$5.763q_1 + 5.763q_2$
θ	50°	60°	75°	90°	
σ_θ	$0.265q_1 + 4.230q_2$	$-0.702q_1 + 1.932q_2$	$-0.901q_1 + 1.802q_2$	$-0.871q_1 + 1.616q_2$	

图 5.1(b) 中另外三个象限，即 θ 为 90°～360° 边界上与不同 θ 角对应点处的切向正应力 σ_θ，可根据对称关系由表 5.1 求出。

由本书 4.2 节知，根据孔附近的应力集中理论，在只考虑自重作用且认为岩石可视为各向同性、线弹性、泊松比 $\mu = 0.2$ 材料的条件下，对于不同的埋深 h（h 为巷道截面形心距地表的深度），有图 5.1(a) 及表 5.1 中的 $q_1 = \gamma h$、$q_2 = \dfrac{\mu}{1-\mu} q_1 = 0.25\gamma h$（其中 γ 为岩石容重）。另外，因正方形截面巷道边界为自由面，所以垂直于正方形截面巷道边界的正应力 $\sigma_\rho = 0$（显然 σ_ρ 也是主应力）。对于平面应变问题，类似于本书 4.2 节，可由广义胡克定律及 $\varepsilon_z = 0$（其中 z 为沿巷道轴线的方向）求得 $\sigma_z = \mu\sigma_\theta = 0.2\sigma_\theta$。于是根据 $q_1 = \gamma h$、$q_2 = 0.25\gamma h$ 及表 5.1 和 $\sigma_z = 0.2\sigma_\theta$、$\sigma_\rho = 0$，在假设 $\gamma = 2.4\,\text{T/m}^3$ 的条件下可得到不同埋深 h 情况下正方形截面边界上 $\theta = 0$°～90° 各点之组合应力状态（即因开挖掘进形成的巷道或洞室自由面被卸载而引起的扰动应力与初始地应力二者的组合应力）的主应力 σ_θ、σ_z 和 σ_ρ 的具体数值。例如，可得到埋深 $h = 130\,\text{m}$ 和 $h = 135\,\text{m}$ 时的 q_1、q_2，如表 5.2 所示；$h = 130\,\text{m}$ 和 $h = 135\,\text{m}$ 时正方形截面边界上 $\theta = 0$°～90° 各点之 σ_θ、σ_z、σ_ρ 如表 5.3 和表 5.4 所示。

表 5.2　不同 h 情况下的 q_1 和 q_2

h/m	130	135
q_1/MPa	−3.12	−3.24
q_2/MPa	−0.78	−0.81

表 5.3　$h = 130\,\text{m}$ 时正方形截面巷道边界上 $\theta = 0$° ~ 90° 各点处之组合应力 σ_θ、σ_z、σ_ρ

θ	0°	15°	30°	40°	45°
σ_θ/MPa	$1.616q_1 - 0.871q_2$ $= -4.36$	$1.802q_1 - 0.901q_2$ $= -4.92$	$1.932q_1 - 0.702q_2$ $= -5.48$	$4.230q_1 + 0.265q_2$ $= -13.41$	$5.763q_1 + 5.763q_2$ $= -22.48$
$\sigma_z = 0.2\sigma_\theta$/MPa	−0.87	−0.98	−1.10	−2.68	−4.50
σ_ρ/MPa	0	0	0	0	0

续表

θ	50°	60°	75°	90°	
σ_θ /MPa	$0.265q_1 + 4.230q_2$ $= -4.13$	$-0.702q_1 + 1.932q_2$ $= 0.68$	$-0.901q_1 + 1.802q_2$ $= 1.40$	$-0.871q_1 + 1.616q_2$ $= 1.46$	
$\sigma_z = 0.2\sigma_\theta$ /MPa	-0.83	0.14	0.28	0.29	
σ_ρ /MPa	0	0	0	0	

表 5.4　$h = 135\,\text{m}$ 时正方形截面巷道边界上 $\theta = 0° \sim 90°$ 各点处之组合应力 σ_θ、σ_z、σ_p

θ	0°	15°	30°	40°	45°
σ_θ /MPa	$1.616q_1 - 0.871q_2$ $= -4.53$	$1.802q_1 - 0.901q_2$ $= -5.11$	$1.932q_1 - 0.702q_2$ $= -5.69$	$4.230q_1 + 0.265q_2$ $= -13.92$	$5.763q_1 + 5.763q_2$ $= -23.34$
$\sigma_z = 0.2\sigma_\theta$ /MPa	-0.91	-1.02	-1.14	-2.78	-4.67
σ_ρ /MPa	0	0	0	0	0

θ	50°	60°	75°	90°	
σ_θ /MPa	$0.265q_1 + 4.230q_2$ $= -4.29$	$-0.702q_1 + 1.932q_2$ $= 0.71$	$-0.901q_1 + 1.802q_2$ $= 1.46$	$-0.871q_1 + 1.616q_2$ $= 1.51$	
$\sigma_z = 0.2\sigma_\theta$ /MPa	-0.86	0.14	0.29	0.30	
σ_ρ /MPa	0	0	0	0	

本书第 3.3 节在岩石可视为各向同性、线弹性材料且单轴抗拉、压强度和泊松比分别为 $f_t = 4.28\,\text{MPa}$、$f_c = 16.68\,\text{MPa}$、$\mu = 0.2$ 以及三向受压（应力比为 $\sigma_3 : \sigma_2 : \sigma_1 = 1 : 0.5 : 0.1$）的条件下，得到了以 (3.18) 式表示的基于最小耗能原理的岩石破坏准则

$$\sigma_1^2 + \sigma_2^2 + \sigma_3^2 + 8.135\sigma_1\sigma_2 - 1.264\sigma_2\sigma_3 - 4.048\sigma_3\sigma_1 + 12.400(\sigma_1 + \sigma_2 + \sigma_3) - 71.390 = 0$$

$$(3.18)$$

并且还验证了以 (3.18) 式表示的“准则”，对于应力比为 $\sigma_3 : \sigma_2 : \sigma_1 = 1 : 0.5 : 0.1$ 的三向受压情况而言，是完全的精准正确，在将该“准则”用于其他应力比情况的受压状态强度分析时，也与实验结果比较相符。

由表 5.3 及表 5.4 并根据对称关系可见，在图 5.1 (a) 所示荷载作用下，正方形截面巷道在其边界上的 $\theta = 0° \sim \pm 50°$ 和 $\theta = \pm 130° \sim \pm 180°$ 区域内为受压区；在其边界上的 $\theta = \pm 60° \sim \pm 120°$ 区域内为受拉区。下面根据表 5.3 和表 5.4 及以 (3.18) 式表示的“准则”来定量分析在埋深 h（即巷道截面形心距地表的深度）分别为 130m 和 135m 开挖掘进正方形巷道时在巷道受压区是否会发生破坏的问题。由表 5.3 及表

5.4 可知，受压区的 σ_ρ、σ_z、σ_θ 分别是主应力 σ_1、σ_2、σ_3，于是将表 5.3 及表 5.4 受压区相应于 θ 角处边界上各点的组合应力状态的主应力 $\sigma_1 = \sigma_\rho$、$\sigma_2 = \sigma_z$、$\sigma_3 = \sigma_\theta$ 值代入以 (3.18) 式表示的"准则"，即可求得"准则"（即 (3.18) 式）等号左边前 7 项之和 Σ，如表 5.5 和表 5.6 所示。

表 5.5　h=130m 时正方形截面巷道边界上第一象限受压区各点之"准则"等号左边前 7 项之和 Σ

θ	0°	15°	30°	40°	45°	50°
Σ	−49.87	−54.08	−57.97	−57.94	63.18	−48.08

表 5.6　h=135m 时正方形截面巷道边界上第一象限受压区各点之"准则"等号左边前 7 项之和 Σ

θ	0°	15°	30°	40°	45°	50°
Σ	−51.32	−55.45	−59.21	−54.49	81.48	−49.38

（另外三个象限受压区各点之 Σ 值可根据对称关系由表 5.5 和表 5.6 推出）由表 5.5 可见，当埋深 $h \leqslant 130\,\text{m}$ 时，在正方形截面巷道边界上受压区的 Σ 值均小于临界值 71.390；同时还注意到，由表 5.6 可见，当埋深 $h = 135\,\text{m}$ 时，在正方形截面巷道边界上受压区与 $\theta = 45°$ 对应点处出现了 Σ 值大于临界值 71.390 的情况，因此可以定量地判定，在 $h \leqslant 130\,\text{m}$ 的地层内挖掘正方形截面巷道时，巷道边界上受压区的围岩肯定不会发生破坏。由于"准则"与应力状态有关，因此对 $\theta = \pm 60° \sim \pm 120°$ 的受拉区而言，就不能用 (3.18) 式表示的受压情况下的"准则"进行分析，而需要按 3.3 节所述方式（即在应力空间分区确定 (3.14) 式中 A_1、A_2、A_3 的方法）导出适用于同样设定条件下受拉区的"准则"来对 $\theta = \pm 60° \sim \pm 120°$ 受拉区围岩是否会发生破坏进行分析。若所得结果表明，在 $h \leqslant 130\,\text{m}$ 时，受拉区（即 $\theta = \pm 60° \sim \pm 120°$）肯定也不会发生破坏，那么在已如前述的各种设定条件（即只考虑自重作用、岩石为各向同性、线弹性材料、其单轴抗拉、压强度、泊松比、容重分别为 $f_t = 4.28\,\text{MPa}$，$f_c = 16.68\,\text{MPa}$，$\mu = 0.2$，$\gamma = 2.4\,\text{T/m}^3$）下，在 $h \leqslant 130\,\text{m}$ 的地层岩石内挖掘正方形截面巷道就肯定不会引发岩爆。而由本书 4.2 节可知，在与前述完全相同的各种设定条件下，若挖掘的是圆形截面巷道，则肯定不会引发岩爆的挖掘深度为 $h \leqslant 340\,\text{m}$。以上情况表明，挖掘巷道的截面形状，对于预测肯定不会引发岩爆的开挖掘进埋深 h 值会产生显著的影响。需要说明的是，由于双向拉伸情况下的材料破坏试验（尤其是像岩石和砼这类脆性材料）非常难于较准确地实现，所以作者始终查找不到在前述设定条件下的材料在双向受拉情况下的有关实验资料，所以

无法按本书 3.3 节所述方法建立起与之相应的"准则"，来对双向受拉区围岩是否会发生破坏作出定量性判断。由表 5.3、表 5.4 可见，在受压区开始发生破坏时，受拉区的应力都非常小，所以暂且认为受拉区并未发生破坏。

在本书 4.2 节给出的如图 4.3 所示荷载作用下，以 (4.4) 式表示的沿椭圆形孔口边界上切向正应力 σ_θ 的理论解答，显然也可按与上述分析开挖掘进正方形截面巷道是否肯定不会引发岩爆完全相同的方法和步骤，来定量地确定开挖掘进椭圆形截面巷道肯定不会引发岩爆的埋深 h 值。由于分析方法与计算步骤雷同，故不赘述。顺便指出：以上讨论都是在沿巷道轴线垂直向截面内，巷道孔口尺寸与埋深 h 相比为一小量(即巷道孔口可视为无限大平面内的孔口)的情况下进行的，因此在此情况下可以不计巷道在沿其轴线垂直向截面内孔口尺寸大小的影响问题。

5.3　关于预测在什么情况下进行巷道或洞室开挖掘进就会引发岩爆的思路和方法

如 5.1 节所述，只有①在地层深部进行开挖掘进；②因开挖掘进导致围岩发生了破坏；③因围岩破坏而导致岩体发生了猛烈的能量释放这样三个条件同时得到满足时，才能认为发生了岩爆。5.2 节及 4.2 节，实际上是在岩石可视为各向同性、线弹性，并在只考虑自重作用(即不计及构造应力场影响)且岩石的单轴抗拉、压强度、容重和泊松比分别为 $f_t = 4.28\,\text{MPa}$，$f_c = 16.68\,\text{MPa}$，$\gamma = 2.4\,\text{T/m}^3$，$\mu = 0.2$ 的条件下给出了如何定量确定开挖掘进不同形状截面巷道时在什么埋深 h 的情况下才会导致围岩发生或不发生破坏的方法、步骤及实际算例。而对于如果通过 5.2 节或 4.2 节所述的定量分析得出的是开挖掘进肯定会导致巷道或洞室围岩发生破坏的结论，而这种破坏是否会引发猛烈的能量释放(即引发岩爆)的讨论则是在 4.3 节中进行的。本节将在 4.3 节给出的解决上述问题的思路和方法的基础上，进一步讨论如下问题。

5.3.1　岩爆时猛烈释放的能量究竟从何而来?

目前学术界就此问题达成的共识是，岩爆时猛烈释放的能量来自两个方面：一是围岩破坏区中岩石发生破坏时，其中储存的弹性应变能除一部分被转化为促使岩石破坏所需消耗的"耗散能"之外，其剩余部分将以动能的形式释放；二是巷道或洞室围岩未破坏区中储存的弹性应变能，会由于围岩破坏区与未破坏区的分界面因围岩破坏区的岩石破坏、崩落形成的新自由面被卸载，从而导致未破坏区中储存的弹性应变能被部分释放。鉴于虽有以上共识但却无法实现定量分析，因此对围岩发生破坏时究竟能释放出多少能量无法作出定量性的判断，所以也就无法判定巷道或洞室围岩破坏引发的能量释放是否属于"猛烈的能量释放"（即引发岩爆）。

　　1.关于因开挖掘进导致巷道或洞室围岩发生破坏时，在围岩破坏区究竟会释放多少能量的进一步讨论

　　由本书第 3 章可知，基于最小耗能原理的岩石破坏准则表明：①"准则"的物理意义为：它是一个促使岩石发生破坏所需消耗能量的临界值表达式；②促使岩石发生破坏所需消耗的能量与岩石中因荷载作用而产生和储存的总弹性应变能并不是一回事，只有当前者满足"准则"时破坏才会发生，并且前者仅是后者中的某些特定部分；③促使岩石发生破坏所需消耗能量的临界值是一材料常数，它恒等于岩石在单向受力情况下发生破坏所需消耗的能量。由于在三向受压情况下岩石具有很高的强度，所以岩石在三向受压且临近破坏时，其中因荷载作用而产生和储存的总弹性应变能将远大于促使岩石破坏所需消耗能量的临界值，二者之差在岩石发生破坏时将以动能的形式释放。显然，据此即可解决巷道或洞室围岩发生破坏时，在围岩破坏区究竟会释放多少能量的定量分析问题。现举例说明如下。

　　本书第 3 章在岩石可视为各向同性、线弹性且其单轴抗拉、压强度、泊松比分别为 $f_t = 4.28\,\mathrm{MPa}$，$f_c = 16.68\,\mathrm{MPa}$，$\mu = 0.2$ 的条件下，根据最小耗能原理建立了受压状态下的以(3.18)式表示的岩石破坏准则：

$$\sigma_1^2 + \sigma_2^2 + \sigma_3^2 + 8.135\sigma_1\sigma_2 - 1.264\sigma_2\sigma_3 - 4.048\sigma_3\sigma_1 + 12.400(\sigma_1 + \sigma_2 + \sigma_3) - 71.390 = 0$$

$$(3.18)$$

如第 3 章所述，(3.18)式（即"准则"）等号左边前 7 项之和乘以 $\dfrac{1}{2E}$（E 为岩石的弹性模数），即为在前述的建立"准则"所设定的条件下，以主应力表示的促使单位体积岩石发生破坏所需消耗能量的表达式。(3.18)式（即"准则"）中的常数项 71.390 乘以 $\dfrac{1}{2E}$ 即为在前述的建立"准则"所设定的条件下单位体积岩石发生破坏所需消耗能量的临界值。也就是说，将受压情况下导致岩石发生破坏的三个主应力 σ_{1r}、σ_{2r}、σ_{3r} 代入(3.18)式，其等号左边前 7 项之和就应近似等于"准则"中的常数项（即临界值）71.390。例如，将表 3.1 中 $\sigma_{1r} = -3.475$、$\sigma_{2r} = -17.375$、

$\sigma_{3r} = -34.750$ 代入 (3.18) 式，即可求得其等号左边前 7 项之和为 71.27；将 $\sigma_{1r} = \sigma_{2r} = 0$、$\sigma_{3r} = -f_c = -16.68$ 代入 (3.18) 式，即可求得其等号左边前 7 项之和为 71.39。显然，以上事实相当于是以具体实例再次证明了"准则"的正确性，并证明了"准则"等号左边前 7 项之和就是以主应力表示的促使单位体积岩石单元发生破坏所需消耗能量的数学表达式，并且无论该岩石单元是处于复杂应力状态还是简单应力状态下，促使该岩石单元发生破坏所需消耗能量的临界值都是同一材料常数(在第 3 章已证明了该材料常数恒等于岩石在单向受力情况下该单元发生破坏所需消耗的能量)。

由本书 4.3 节可知，在岩石为各向同性、线弹性且只考虑自重作用的情况下，距地表为 h 处单位体积岩石单元所储存的总弹性应变比能 U 可由 (4.5) 式及 (4.7b) 式定量确定。于是在距地表为 h 处的单位体积岩石发生破坏之后所能释放的能量 ΔU 即为

$$\Delta U = U - \frac{1}{2E} f_c f_t \tag{5.2}$$

在假设岩石的单轴抗拉、压强度、泊松比、容重和弹性模数分别为 $f_t = 4.28\,\text{MPa}$、$f_c = 16.68\,\text{MPa}$、$\mu = 0.2$、$\gamma = 2.4\,\text{T/m}^3$、$E = 5 \times 10^4\,\text{MPa}$ 的条件下，可以根据 (4.5) 式及 (4.7b) 式求出距地表不同埋深 h 处的单位体积岩石在自重作用下储存的总弹性应变比能 U，然后根据 (5.2) 式即可求得距地表不同埋深 h 处的每立方米岩石在发生破坏时所能释放的能量，如表 5.7 所示。

表 5.7　当 $h \geqslant 1000\,\text{m}$ 之后每立方米岩石在发生破坏时所能释放的能量

h /m	1000	1500	2000	2500
ΔU /(N·m)	5644.8 − 713.9 = 4930.9	12700.8 − 713.9 = 11986.9	22579.2 − 713.9 = 21865.3	35280 − 713.9 = 34566.1

表 5.7 表明，随着距地表的深度增加，因开挖扰动导致的单位体积岩石破坏所能释放的能量就越大。这与在埋深越大的情况下开挖掘进巷道或洞室时越容易发生岩爆的工程实际情况是一致的。只是工程实际情况表现出的仅是一种感性认识且不具有定量性，而表 5.7 则是根据基于最小耗能原理的岩石破坏理论在设定条件下得出的定量结果。

显然，在根据理论分析或实测确定了地层中的初始地应力场的情况下，再根据孔附近的应力集中理论按本书 4.2 节所述方法确定了初始地应力场与开挖掘进形成的巷道自由面被卸载而引起的扰动应力场二者的组合应力状态之后，就可以按第 3 章导出的基于最小耗能原理的岩石破坏准则确定巷道围岩会发生破坏的部

位和范围大小，从而可定量地得到因开挖掘进会导致围岩发生破坏的体积 V_R。于是在按(5.2)式求得不同 h 处每单位体积岩石发生破坏时所能释放的能量 ΔU 之后，围岩因开挖扰动而发生了破坏的区域 V_R 中所能释放的总能量 U_{V_R}，即可按

$$U_{V_R} = \int_{V_R} \Delta U \mathrm{d}V_R \tag{5.3}$$

求出。其中的 ΔU 由(5.2)式确定。显然(5.3)式与(4.9)式是完全一致的。

需要指出的是，如果开挖形成巷道之后围岩并没有发生破坏，但在间隔若干时间之后，才因某些其他原因(如持续的开挖掘进扰动或爆破震动等)使得围岩发生破坏，则此时发生破坏的区域 V_R 所能释放的能量 U_{V_R} 虽然仍可按(5.3)式或(4.9)式计算，但确定(5.3)式中 ΔU 的(5.2)式及(4.9)式中的 U 就不能按初始地应力状态下的公式[即(4.5)及(4.7b)式]计算，而应按将本书4.2节所确定的原来的组合应力状态(即还没有发生因某些其他原因导致围岩破坏之前的组合应力状态)，代入 $U = \dfrac{1}{2E}\Big[\sigma_1^2 + \sigma_2^2 + \sigma_{31}^2 - 2\mu\big(\sigma_1\sigma_2 + \sigma_2\sigma_3 + \sigma_3\sigma_1\big)\Big]$ 求得，其中 E 和 μ 分别为岩石的弹性模数和泊松比，σ_1、σ_2、σ_3 是上述组合应力状态的主应力。

2. 关于开挖掘进导致巷道或洞室围岩发生破坏时，在围岩的未破坏区究竟会释放多少能量的进一步讨论

由于在开挖掘进巷道或洞室造成围岩破坏时，巷道或洞室围岩未破坏区中储存的弹性应变能会因围岩破坏区与未破坏区的分界面也成为新的自由面而被卸载，众所周知，卸载会导致围岩未破坏区中储存的弹性应变能被部分释放。下面将在本书4.3.3节所述内容的基础上，对此问题作进一步做讨论。

本书的4.3.3节指出，当部分围岩发生了破坏时，围岩未破坏区域 $(V - V_R)$ 中所释放的能量 $U_{(V-V_R)}$ 可按

$$U_{(V-V_R)} = \int_{(V-V_R)} (U_1 - U_2)\mathrm{d}(V - V_R) \tag{4.10a}$$

计算。其中 V 为按本书4.2.2节介绍的方法计算出了初始地应力状态与因开挖扰动卸载导致的扰动应力二者的组合应力状态之后，凡是围岩中组合应力状态与原来在该处的初始地应力状态不相同的区域，即因开挖扰动导致初始地应力发生了变化的区域，也就是说 V 是因开挖形成的巷道截面孔口引起的孔口附近的应力扰动区；V_R 则为根据组合应力状态及基于最小耗能原理的岩石破坏准则，按本书4.2.3节所述方法确定的、因开挖扰动而导致围岩发生了破坏的区域；U_1 为 $(V - V_R)$ 区域中某点与原来该点处初始地应力状态相应的弹性应变比能[可按

(4.5)式及(4.7b)式计算]；U_2 为与 U_1 同一点处的与该点组合应力状态相应的弹性

应变比能（可按 $U = \dfrac{1}{2E}\left[\sigma_1^2 + \sigma_2^2 + \sigma_3^2 - 2\mu(\sigma_1\sigma_2 + \sigma_2\sigma_3 + \sigma_3\sigma_1)\right]$ 计算，其中 E 为弹

性模数，μ 为泊松比，σ_1、σ_2、σ_3 为该点处组合应力状态的主应力）。需要指出

的是：严格地说，此处的组合应力状态不应该是根据设计的巷道截面孔口形状按本书 4.2.2 节所述方法求出，而应该根据巷道截面孔口围岩在发生了破坏之后新形成巷道截面孔口形状、按本书 4.2.2 节所述的方法求出。因为未破坏区内最终的组合应力状态是破坏区与未破坏区的分界面因破坏区的破坏也成为自由面而被卸载所致。显然这种计算模式只适用于按 TBM 法施工的情况，而不适用于钻爆法施工的情况，因为在岩石可以认为是线弹性材料的情况下，只有当采用 TBM 法施工时，巷道截面孔口自由面的形成和被卸载，从而导致围岩组合应力状态的形成，以及因此而导致围岩破坏区发生破坏和未破坏区内的应力由原来的组合应力状态（即在破坏区未发生破坏之前按本书 4.2.2 节所述方法求得的未破坏区中的组合应力状态）变为最终的组合应力状态（即在破坏区发生破坏之后再按本书 4.2.2 节所述方法求得的未破坏区中的组合应力状态）并因此而释放能量，这些事件才可以认为是在同一瞬间发生的。也正是因为这些事件都可以认为是在同一瞬间发生的，所以在开挖掘进导致巷道或洞室围岩发生破坏时，在围岩的未破坏区释放的能量才可按(4.10a)式计算，并且这种能量也是在与破坏区发生破坏的同时被释放的。

综上可见，在完成了本书 5.1 节所述之①～③步工作之后，若得出的是围岩会在一定范围内发生破坏的结论，则可按本书 5.3.1 节所述定量地确定围岩在其破坏区和未破坏区分别在围岩发生破坏时会释放出多少能量，并且二者之和即为围岩发生破坏时释放的总能量。显然这样就定量地回答了"岩爆时猛烈释放的能量从何而来？"这个问题。不言而喻，据此（即按 5.3.1 节所述，定量地确定围岩在其破坏区和未破坏区分别在围岩发生破坏时会释放出多少能量之后）就可以预测，在完成了本书 5.1 节所述之①～③步工作之后，若得出的是围岩会在一定范围内发生破坏，则这种破坏是否会引发岩爆。

5.3.2　基于最小耗能原理的岩石破坏理论与岩爆预测研究

如本书前言所述，所谓岩爆通常是指在地层深部开挖掘进巷道或洞室时，因开挖扰动及开挖形成的巷道或洞室自由面被卸载而引发，并伴有猛烈能量释放的围岩破坏现象。但由于在地层深部进行开挖掘进导致的围岩破坏，是在围岩已预先承受高地应力作用的情况下，因开挖掘进形成的巷道或洞室自由面被卸载而引起的。然而在现有的强度理论体系中对于这种因卸载而引起的岩石破坏规律研究

得还不够深入，尤其是对这种已承受高地应力作用的岩石，在因卸载而引起破坏时究竟会释放出多少能量还说不清楚。显然，这两个问题已成了制约岩爆预测研究中的瓶颈。

由本书第 3、第 4、第 5 章可见，基于最小耗能原理的岩石破坏理论，为解决上述两个制约岩爆预测研究中的瓶颈问题提供了可能。显然，这就是基于最小耗能原理的岩石破坏理论对预测岩爆研究的贡献。

5.4　关于预测在什么情况下进行的地下巷道或洞室开挖掘进就肯定不会引发岩爆或会引发岩爆的定量分析举例

5.4.1　在什么情况下开挖掘进地下巷道或洞室就肯定不会引发岩爆的预测举例

(1) 由本书第 3 章可知，在假设岩石为各向同性、线弹性且其单轴抗拉、压强度、泊松比分别为 $f_t = 4.28\,\text{MPa}$、$f_c = 16.68\,\text{MPa}$、$\mu = 0.2$ 的条件下，在三向受压的应力状态下可导出与之相应的、以 (3.18) 式表示的基于最小耗能原理的岩石破坏准则：

$$\sigma_1^2 + \sigma_2^2 + \sigma_3^2 + 8.135\sigma_1\sigma_2 - 1.264\sigma_2\sigma_3 - 4.048\sigma_3\sigma_1 + 12.400(\sigma_1 + \sigma_2 + \sigma_3) - 71.390 = 0$$

(2) 以开挖掘进直径 $d = 10\,\text{m}$ 的圆形截面地下巷道为例。由本书第 4 章可知，在只考虑自重作用 (即不计构造应力) 的情况下，根据孔附近的应力集中理论，圆形巷道附近围岩的组合应力状态，可采用如图 5.2 所示计算模型进行分析。其中 $q_1 = \gamma h$，$q_2 = \dfrac{1}{4}\gamma h$，$\gamma$ 为岩石容重并设其等于 2.4 T/m^3、h 为圆形巷道截面形心处的埋深 (即形心与地表的距离)。采用如图 5.3 所示的网格划分图用有限元法进行计算 (由于对称，仅计算了截面的 $\dfrac{1}{4}$)，并在 h 分别为 360 m、700 m、750 m、800 m 四种情况下得到了巷道附近围岩的组合应力主应力分布，如图 5.4~图 5.27 所示 (不同位置处的主应力数值在图中以不同的颜色表示)。将上述主应力值代入准则 (3.18) 式，则可求得截面内不同位置处每点关于准则前 7 项之和与临界值 71.390 的差值，如图 5.28~图 5.47 所示 (图中以不同的颜色表示不同位置处差值的大小，显然差值大于零的区域即为围岩发生了破坏的区域)，其中图 5.30、图 5.36、图 5.42 分别表示 h 为 700 m、750 m、800 m 时的第一次破坏的区域；图 5.33、图 5.39、图 5.45 分别表示 h 为 700 m、750 m、800 m 时的第二次破坏的区域。所谓第二次破坏的区域，即本书 4.3.4 节所述的，第一次破坏区内的应力因岩体破坏而被"清零"，以致造成第一次破坏区内岩体原来承受的那部分载荷被转移到原来未破坏区而导致原来未破坏区再次发生了破坏的区域。图 5.34、图 5.40、图 5.46 中圆形截面边界与第二次破坏区之间的绿色区域为相应情况下的第一次破坏区域。

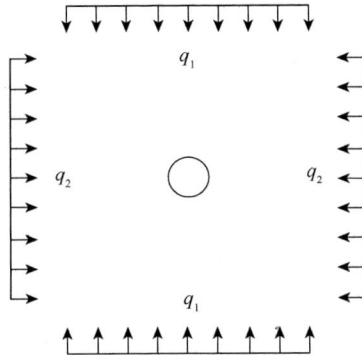

图 5.2　圆形截面巷道示意图

图 5.28 和图 5.29 表明，当 $h \leqslant 360\,\mathrm{m}$ 时，围岩不会发生破坏，即在埋深 $h \leqslant 360\,\mathrm{m}$ 及计算设定的条件下，开挖掘进圆形截面巷道肯定不会引发岩爆（见本书 5.1 节）。这与本书 4.2 节得出的在同样设定条件下，根据理论解得出的当 $h \leqslant 340\,\mathrm{m}$ 时开挖掘进圆形截面巷道肯定不会引发岩爆的结论略有不同。显然导致这一差异的原因是数值解通常都会存在一定的计算误差，对此具体问题而言，数值解的误差小于 6%。本例表明，通过以上数值计算所得结果可以判定，在 $h \leqslant 360\,\mathrm{m}$ 及计算设定的条件下，开挖掘进直径为 10m 的圆形截面巷道肯定不会引发岩爆。

5.4.2　在什么情况下开挖掘进地下巷道或洞室就会引发岩爆的预测举例

（1）根据本书 4.3.1 节的（4.5）式及（4.7b）式即可求得距地表不同深度 h 处岩体在开挖前的初始地应力状态下储存的弹性应变比能 U；

（2）根据 5.4.1 节中的计算结果（即图 5.30、图 5.36、图 5.42 和图 5.33、图 5.39、图 5.45）即可确定在 h 分别为 700m、750m、800m 情况下、开挖掘进直径为 10m 的圆形截面巷道时，在沿巷道轴线 1m 宽的巷道截面内实际发生了破坏的围岩体积 V_R（即 V_R 等于相应埋深情况下第一、二次破坏的面积之和乘以 1m 所得的结果），于是根据（4.9）式（即 $U_{V_\mathrm{R}} = \int_{V_\mathrm{R}} U \mathrm{d}V_\mathrm{R} - \dfrac{1}{2E} f_\mathrm{c} f_\mathrm{t} V_\mathrm{R}$）即可求得沿巷道轴线 1m 宽的巷道截面围岩破坏区 V_R 所释放的能量 U_{V_R}；

图 5.3　网格划分(后附彩图)

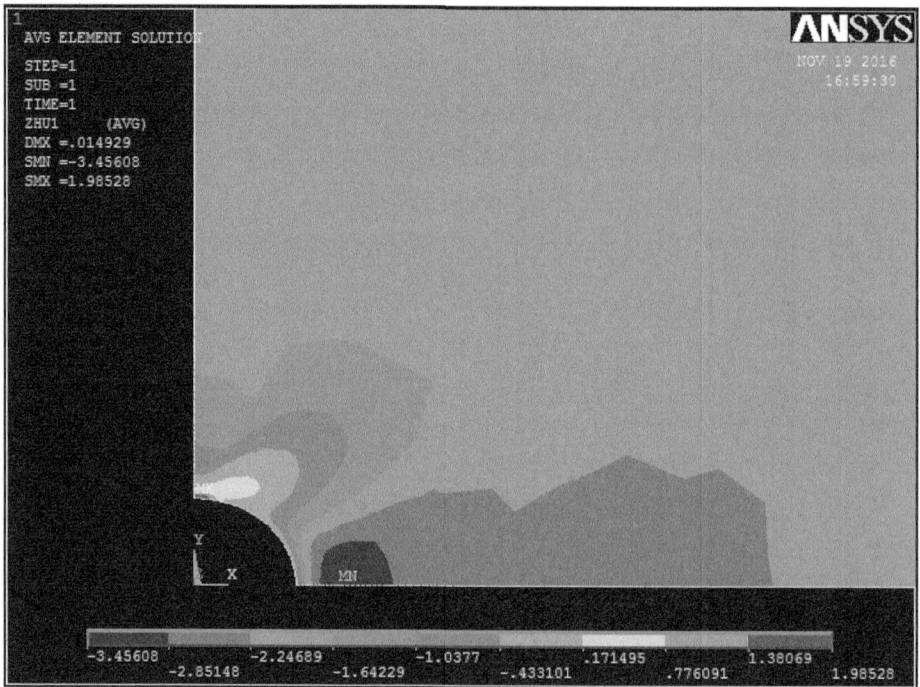

图 5.4　360m 埋深岩体的第一主应力(单位：MPa)云图(局部)(后附彩图)

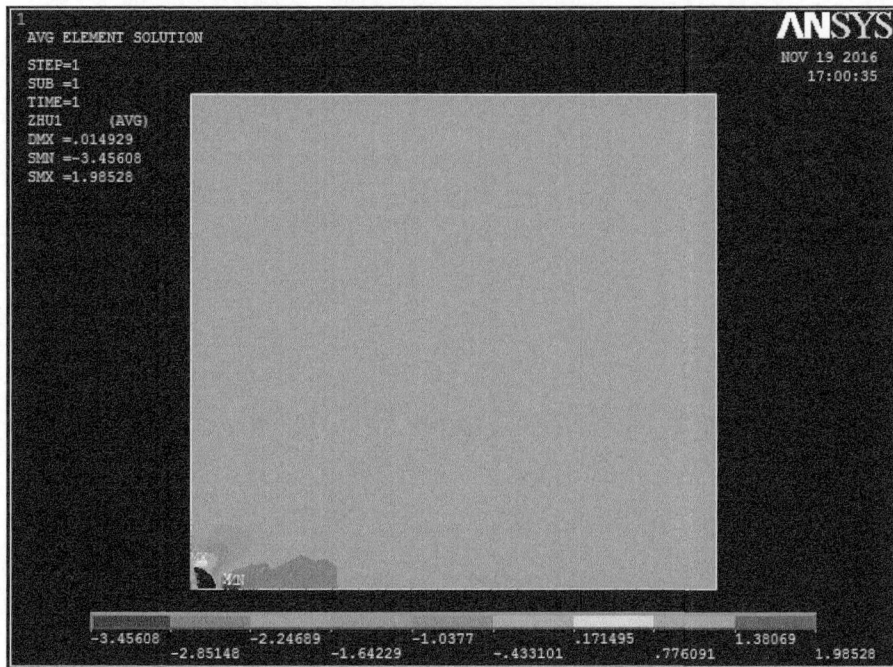

图 5.5　360m 埋深岩体的第一主应力(单位：MPa)云图(整体)(后附彩图)

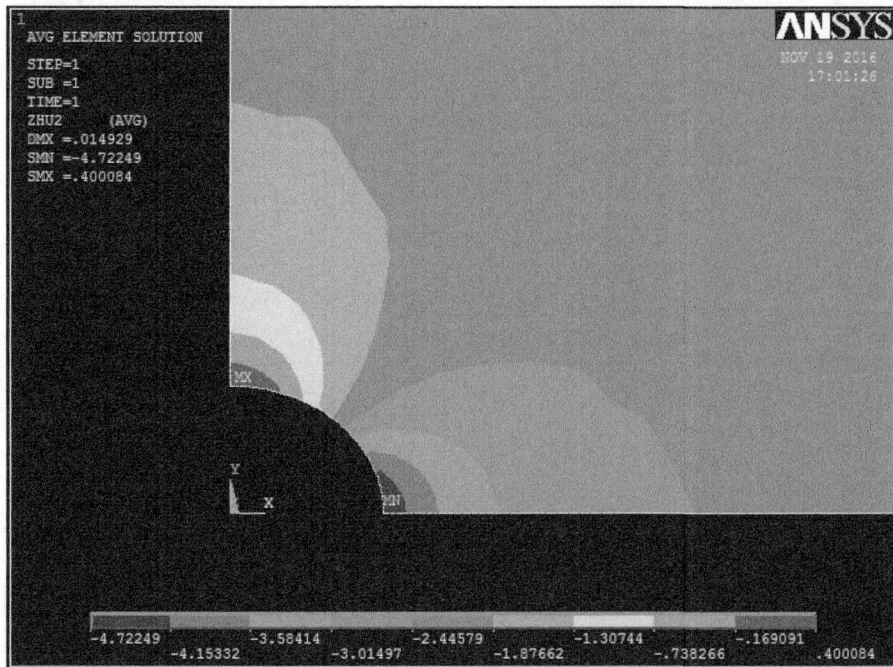

图 5.6　360m 埋深岩体的第二主应力(单位：MPa)云图(局部)(后附彩图)

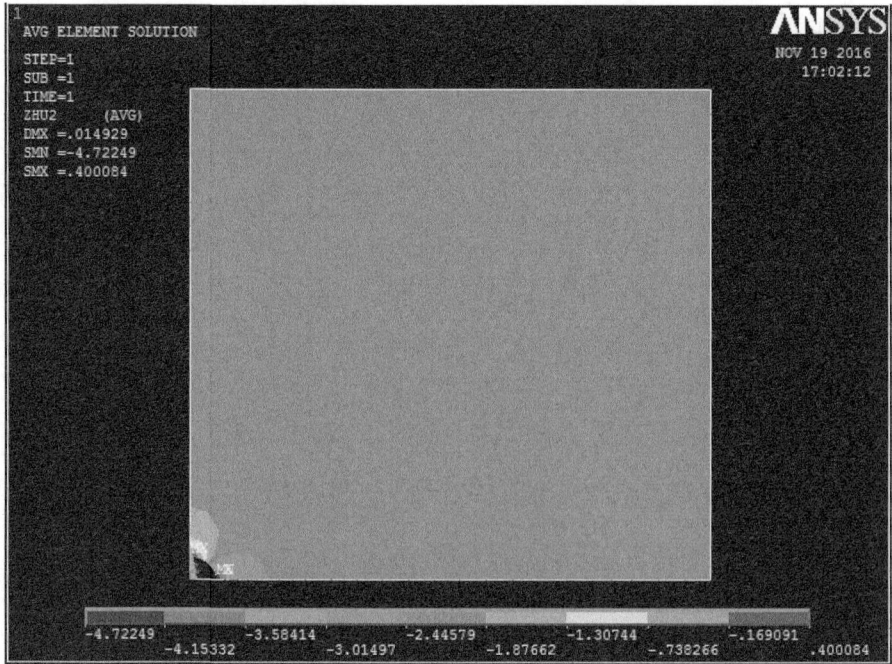

图 5.7　360m 埋深岩体的第二主应力(单位：MPa)云图(整体)(后附彩图)

图 5.8　360m 埋深岩体的第三主应力(单位：MPa)云图(局部)(后附彩图)

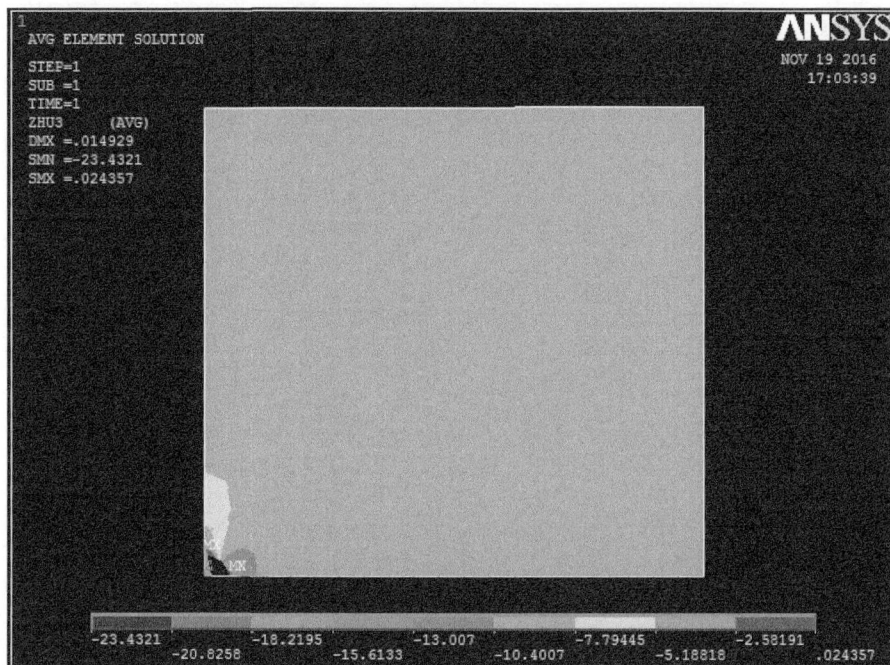

图 5.9　360m 埋深岩体的第三主应力(单位：MPa)云图(整体)(后附彩图)

图 5.10　700m 埋深岩体第一次破坏后的第一主应力(单位：MPa)云图(局部)(后附彩图)

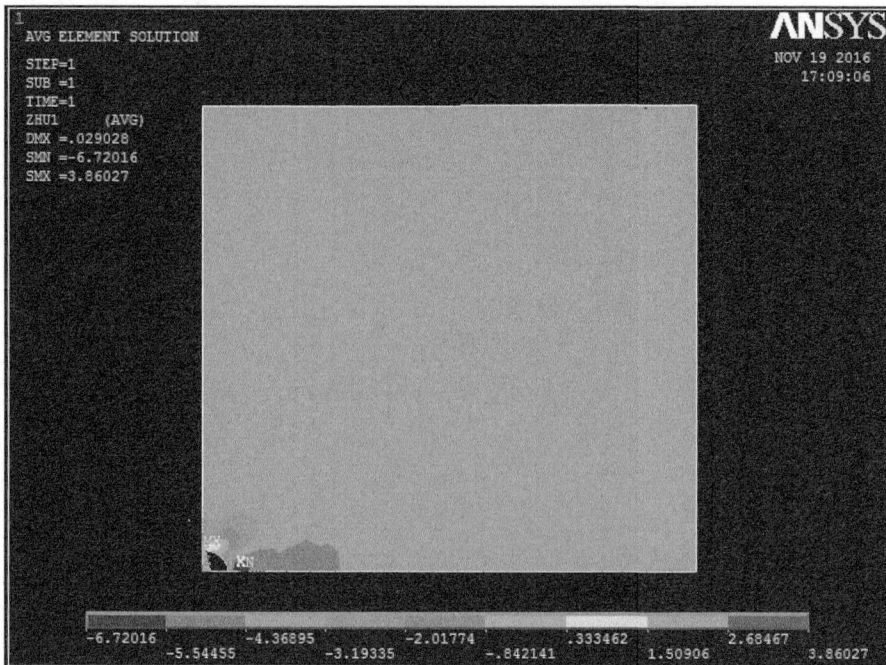

图 5.11　700m 埋深岩体第一次破坏后的第一主应力(单位：MPa)云图(整体)(后附彩图)

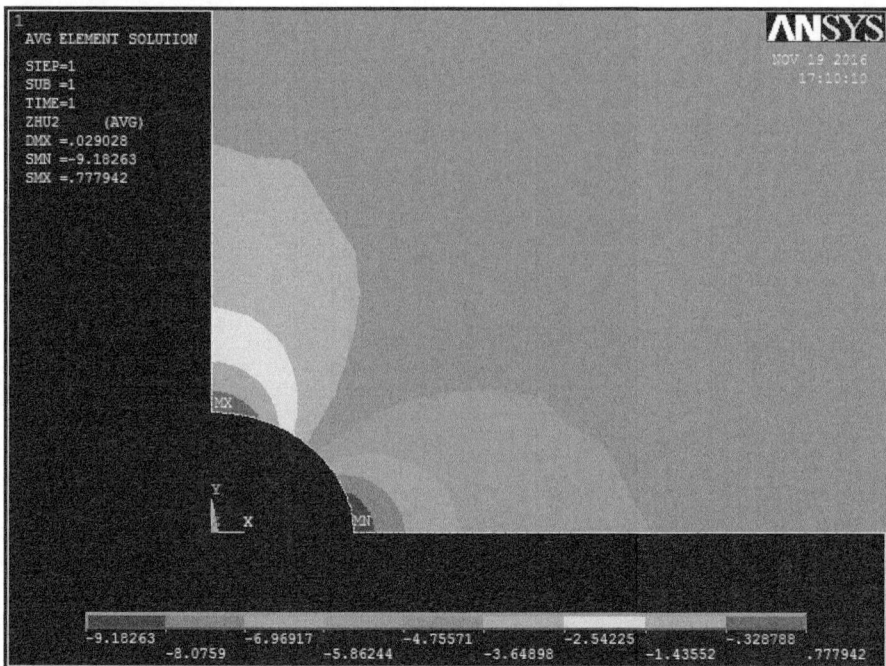

图 5.12　700m 埋深岩体第一次破坏后的第二主应力(单位：MPa)云图(局部)(后附彩图)

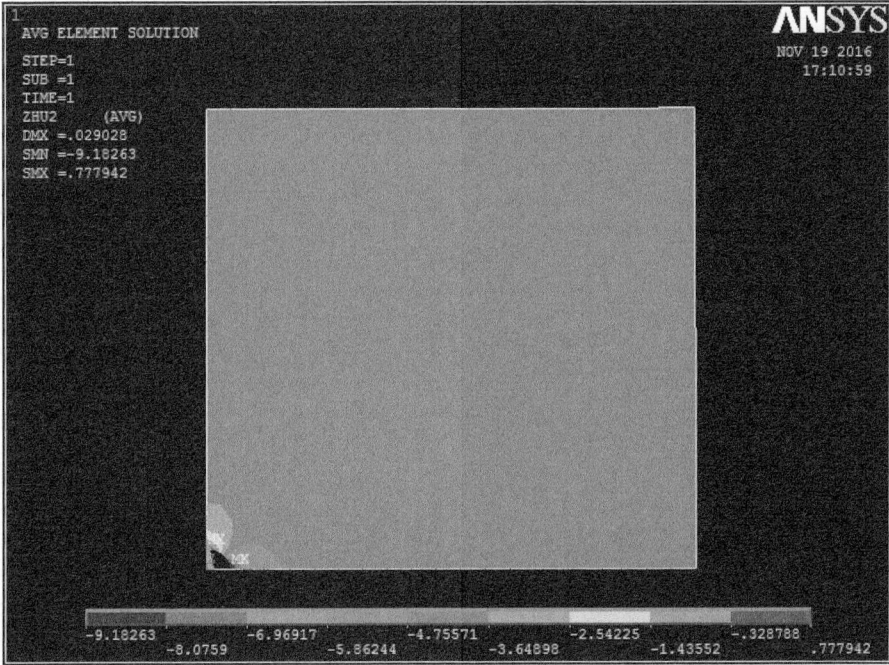

图 5.13　700m 埋深岩体第一次破坏后的第二主应力（单位：MPa）云图（整体）（后附彩图）

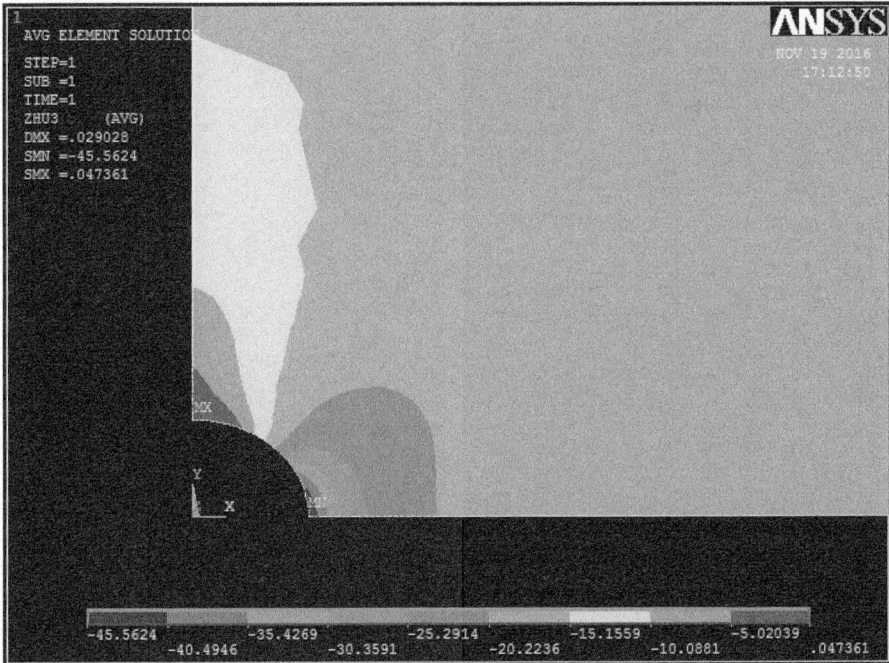

图 5.14　700m 埋深岩体第一次破坏后的第三主应力（单位：MPa）云图（局部）（后附彩图）

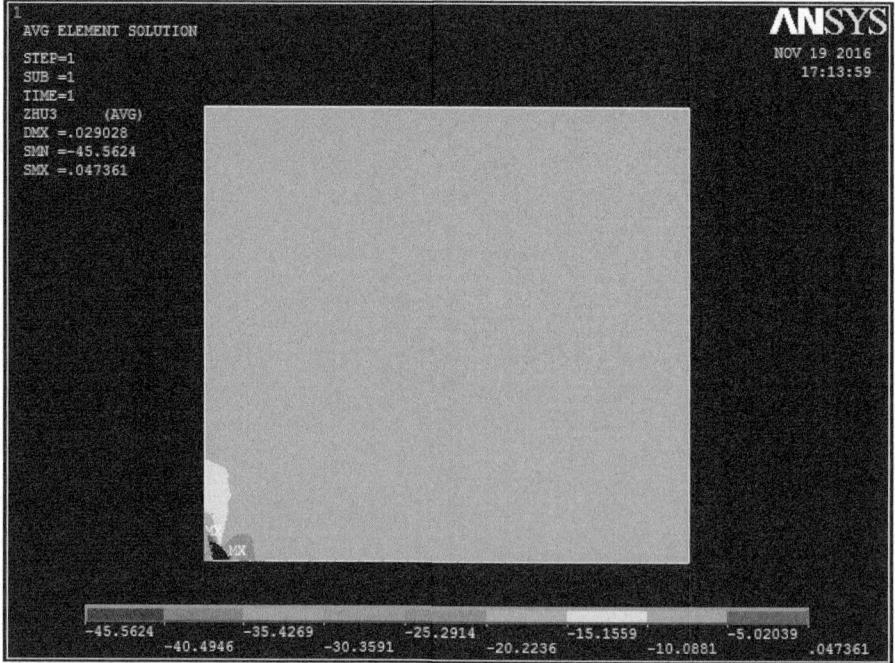

图 5.15　700m 埋深岩体第一次破坏后的第三主应力(单位：MPa)云图(整体)(后附彩图)

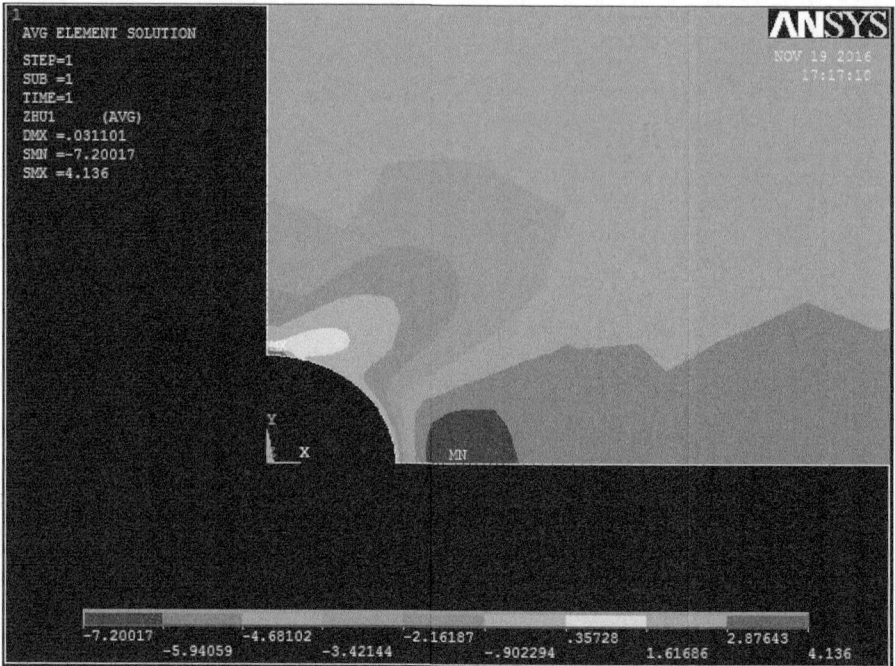

图 5.16　750m 埋深岩体第一次破坏后的第一主应力(单位：MPa)云图(局部)(后附彩图)

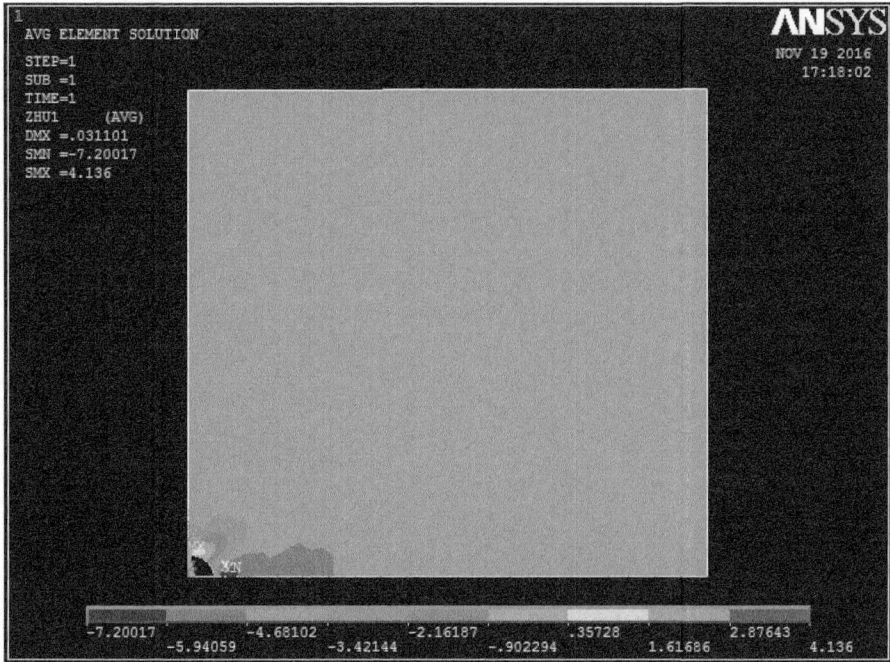

图 5.17　750m 埋深岩体第一次破坏后的第一主应力(单位：MPa)云图(整体)(后附彩图)

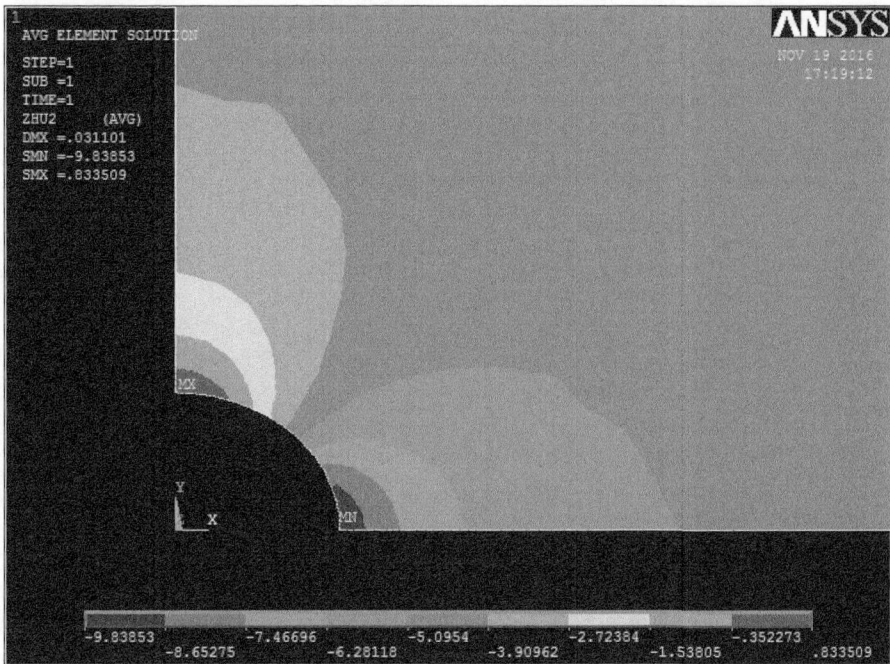

图 5.18　750m 埋深岩体第一次破坏后的第二主应力(单位：MPa)云图(局部)(后附彩图)

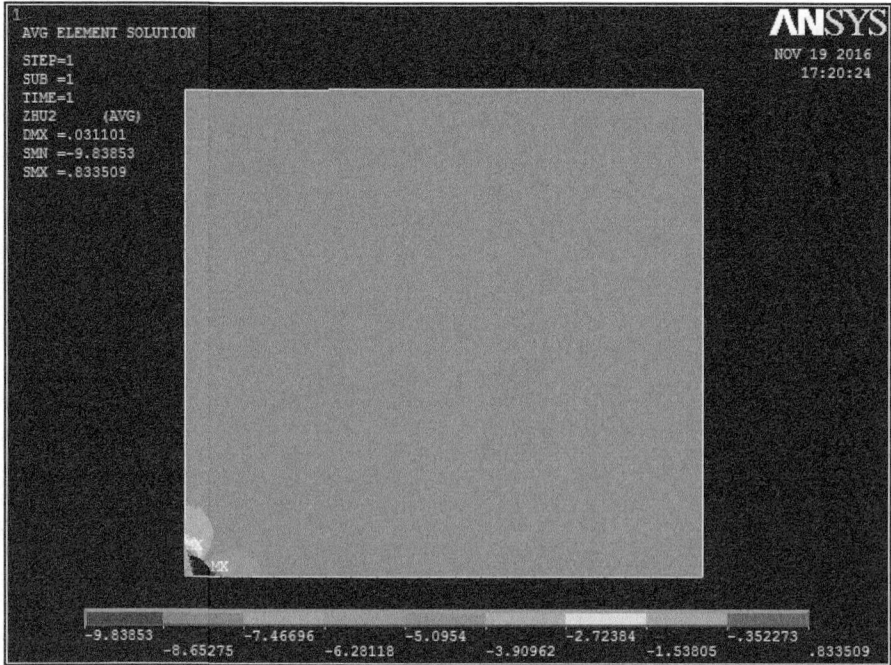

图 5.19　750m 埋深岩体第一次破坏后的第二主应力（单位：MPa）云图（整体）（后附彩图）

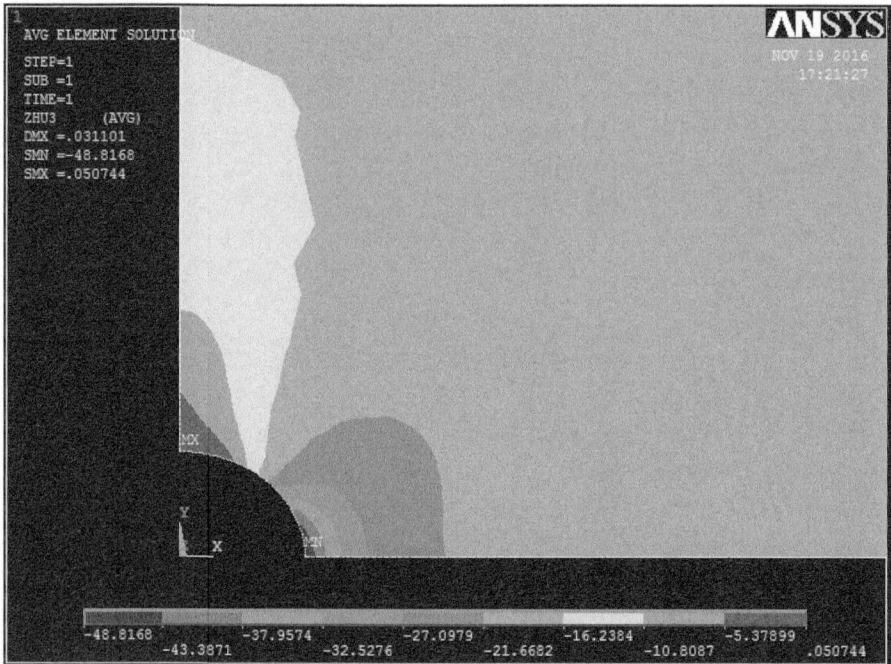

图 5.20　750m 埋深岩体第一次破坏后的第三主应力（单位：MPa）云图（局部）（后附彩图）

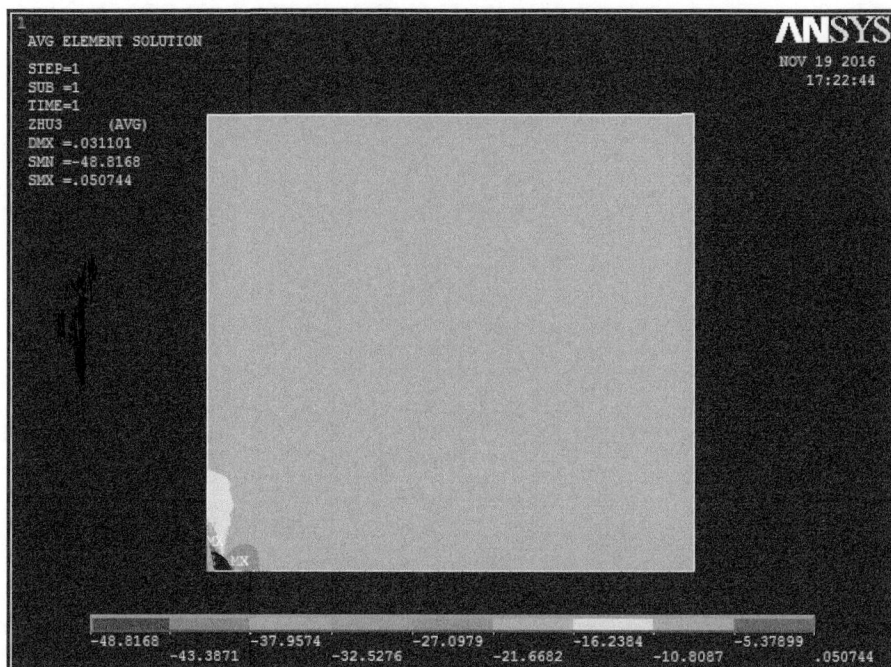

图 5.21　750m 埋深岩体第一次破坏后的第三主应力（单位：MPa）云图（整体）（后附彩图）

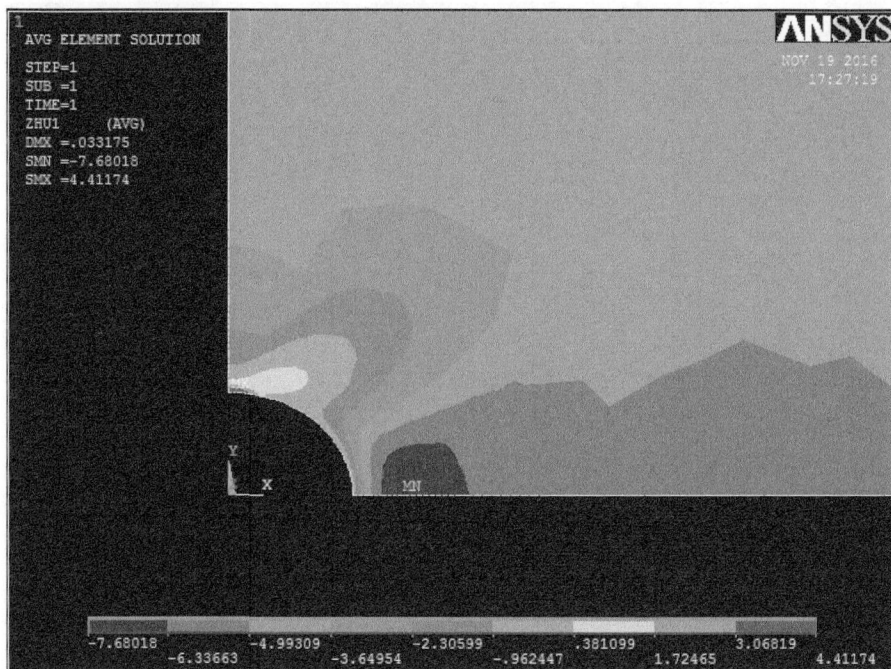

图 5.22　800m 埋深岩体第一次破坏后的第一主应力（单位：MPa）云图（局部）（后附彩图）

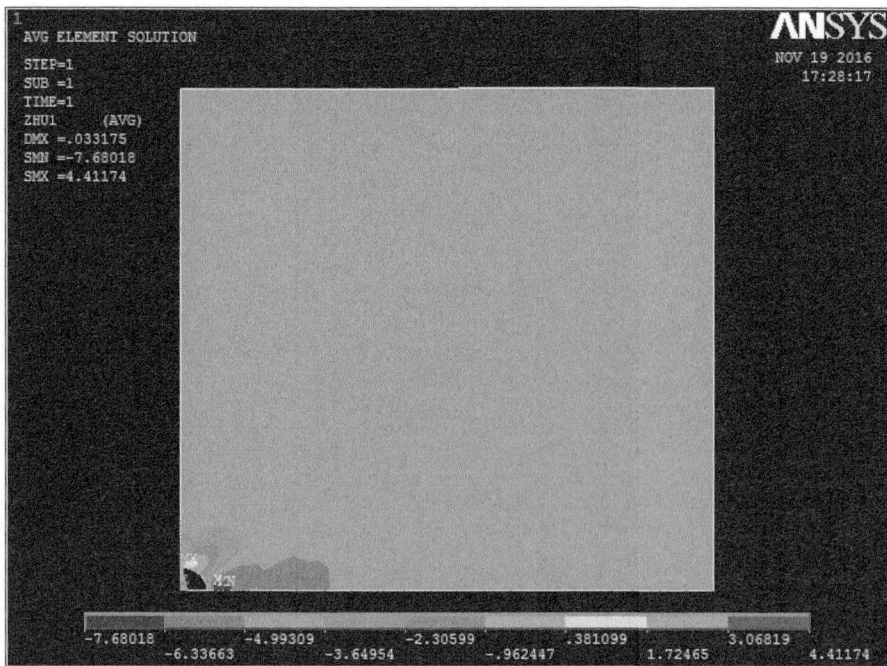

图 5.23　800m 埋深岩体第一次破坏后的第一主应力(单位：MPa)云图(整体)(后附彩图)

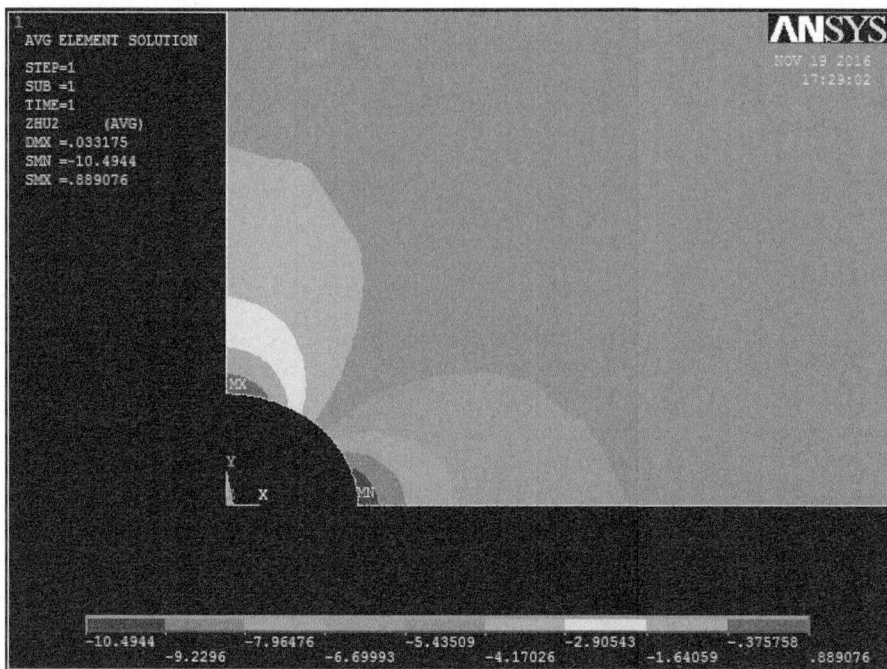

图 5.24　800m 埋深岩体第一次破坏后的第二主应力(单位：MPa)云图(局部)(后附彩图)

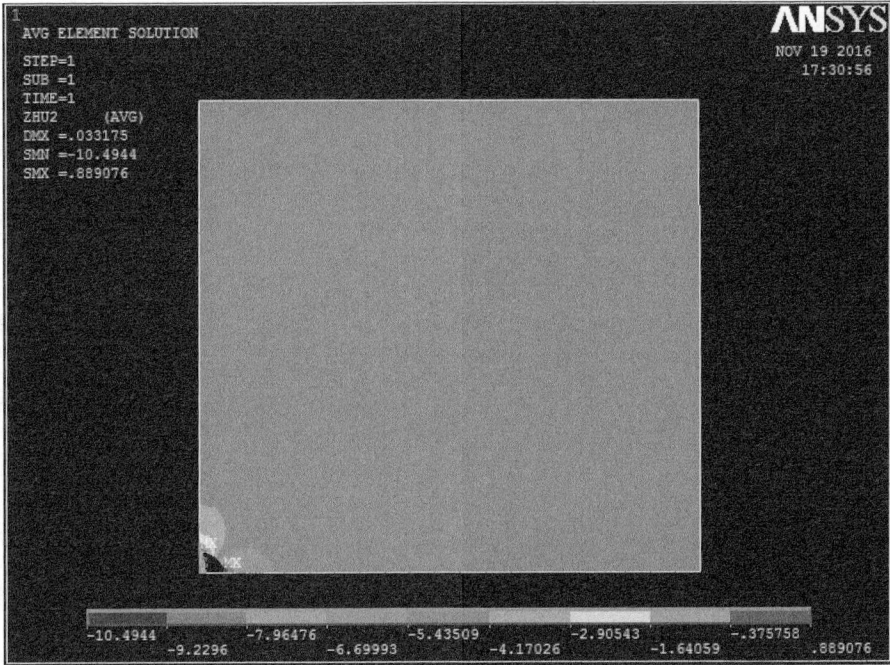

图 5.25　800m 埋深岩体第一次破坏后的第二主应力(单位：MPa)云图(整体)(后附彩图)

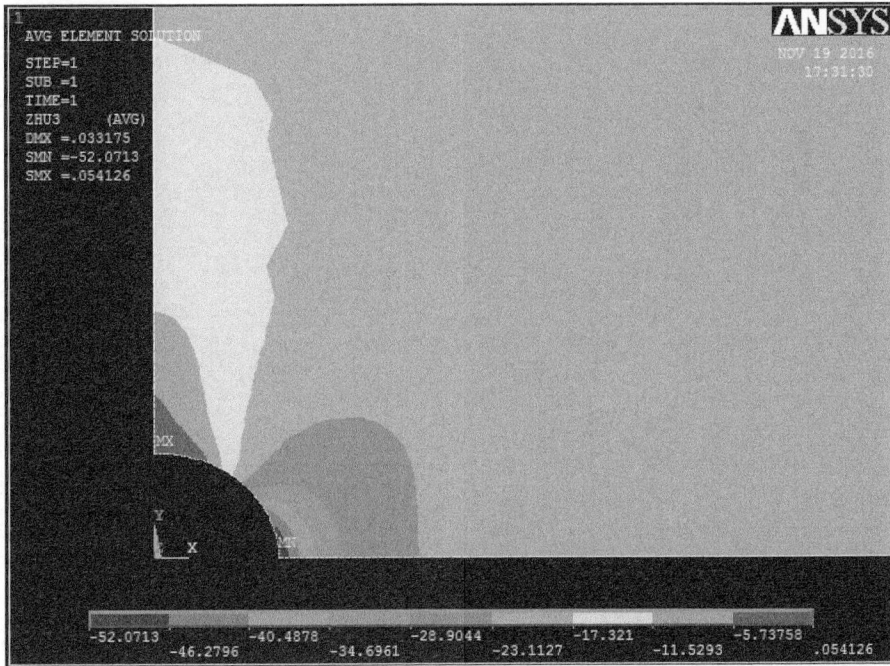

图 5.26　800m 埋深岩体第一次破坏后的第三主应力(单位：MPa)云图(局部)(后附彩图)

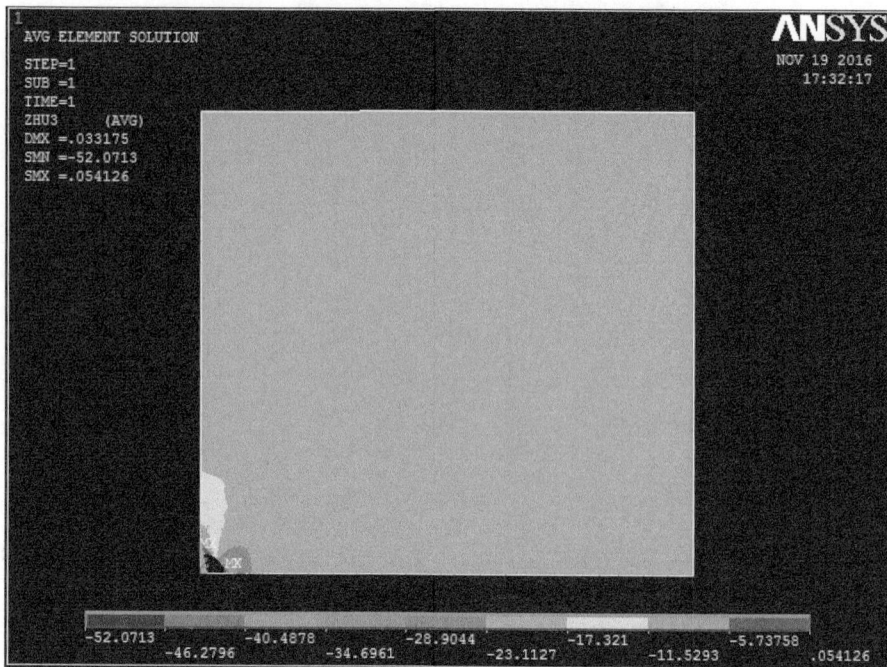

图 5.27　800m 埋深岩体第一次破坏后的第三主应力（单位：MPa）云图（整体）（后附彩图）

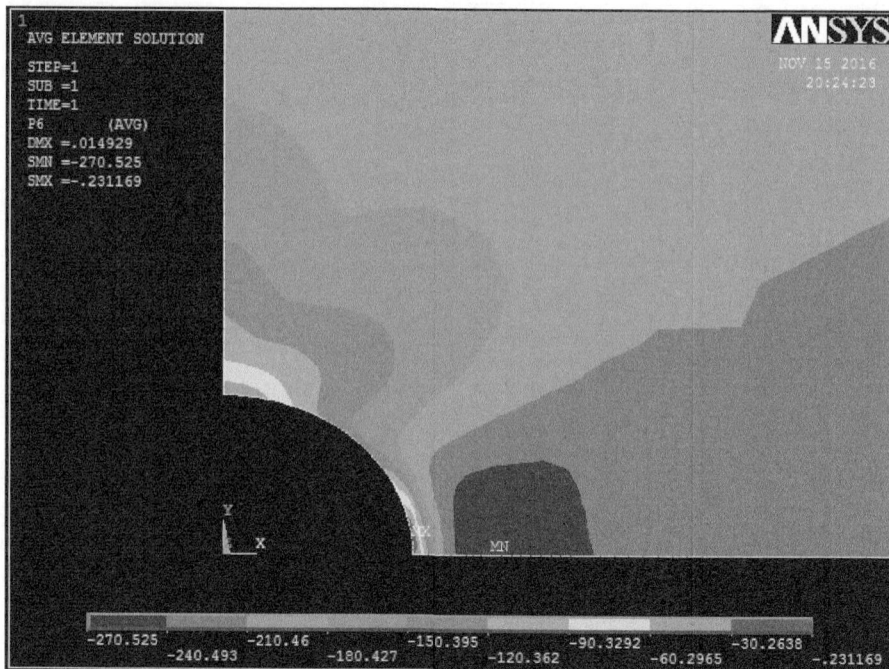

图 5.28　360m 埋深时准则中的前 7 项之和与 71.390 的差值（局部）（后附彩图）

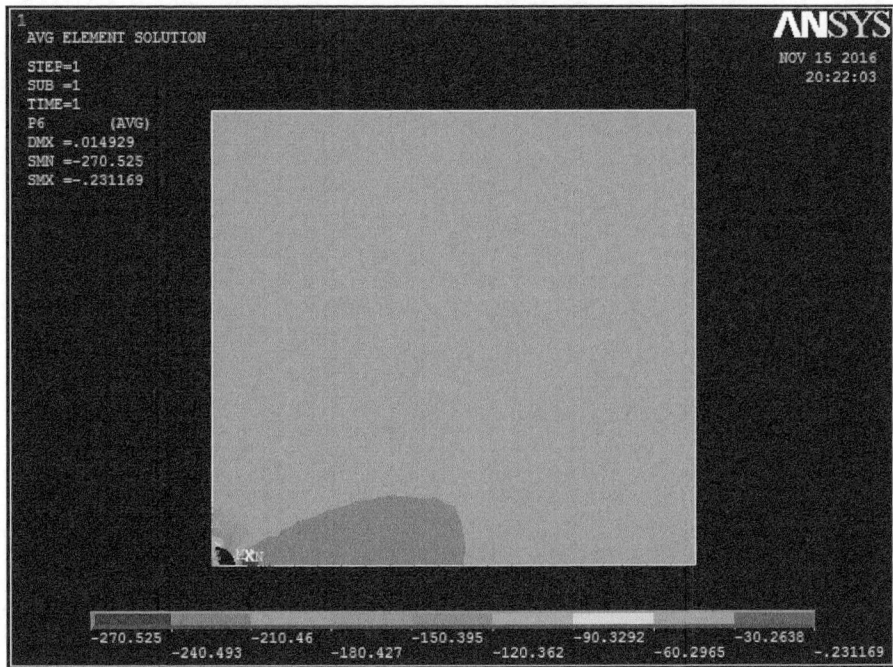

图 5.29　360m 埋深时准则中的前 7 项之和与 71.390 的差值（整体）（后附彩图）

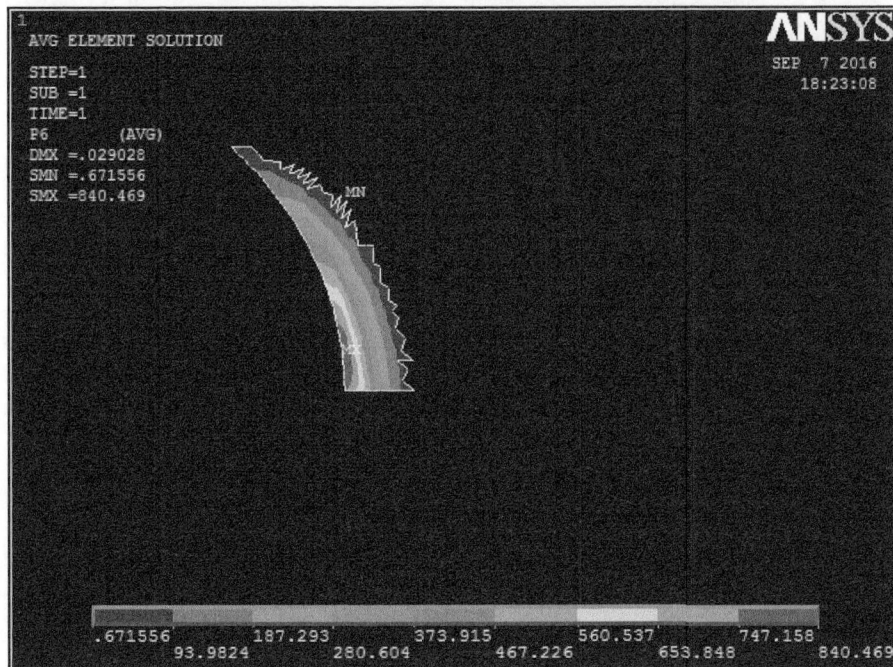

图 5.30　700m 埋深第一次破坏时准则中的前 7 项之和与 71.390 的差值（局部）（后附彩图）

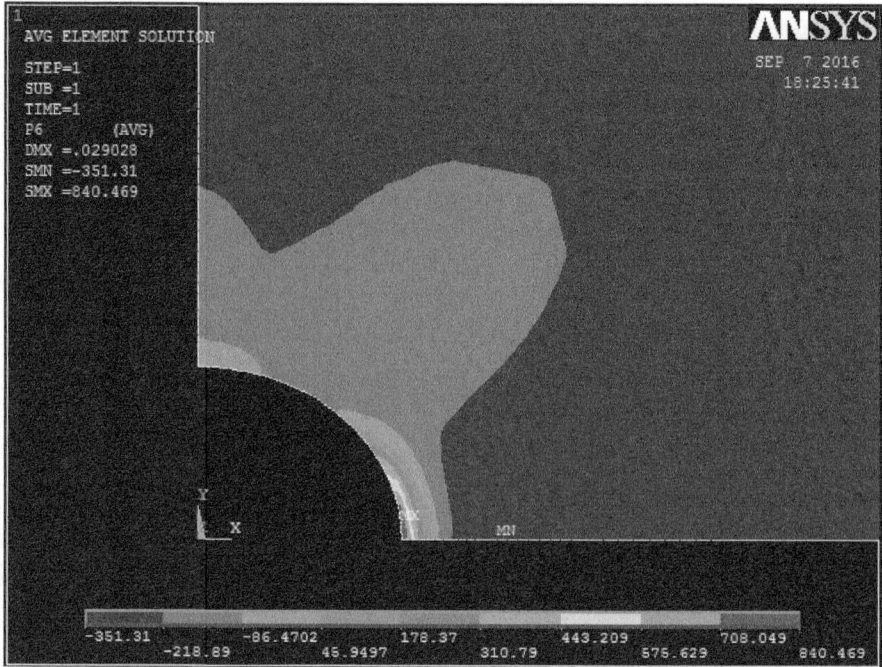

图 5.31　700m 埋深第一次破坏时准则中的前 7 项之和与 71.390 的差值(整体 1)(后附彩图)

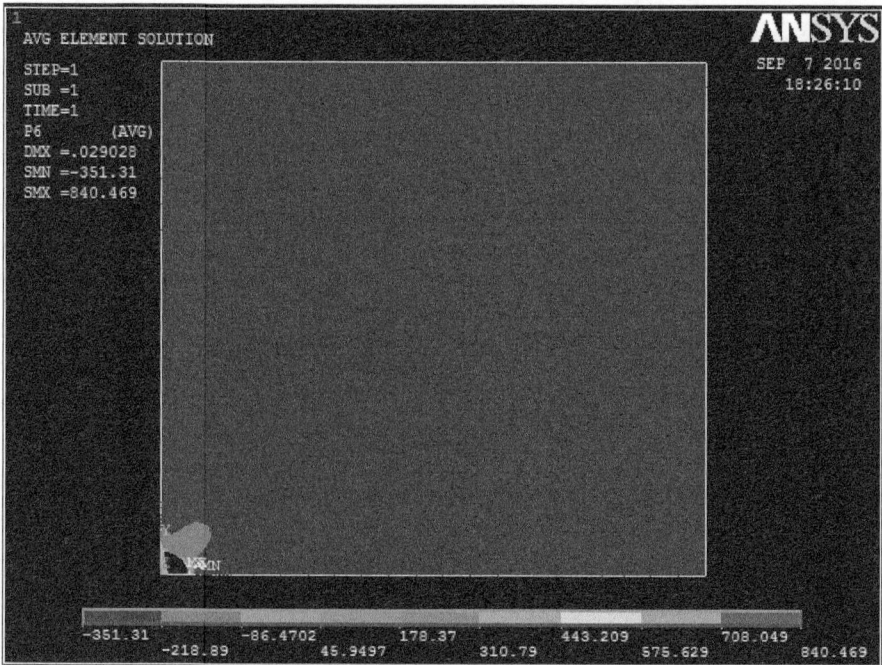

图 5.32　700m 埋深第一次破坏时准则中的前 7 项之和与 71.390 的差值(整体 2)(后附彩图)

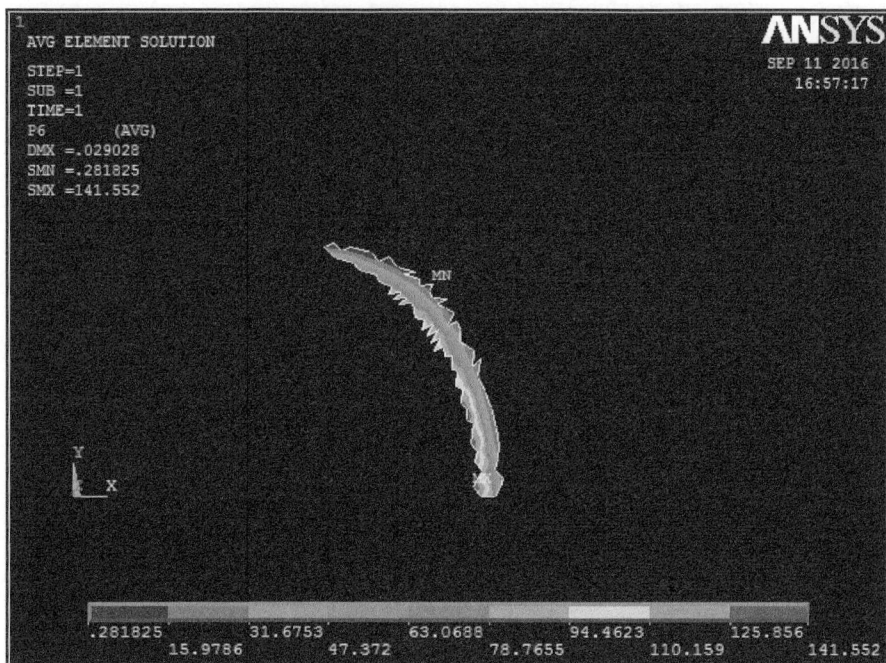

图 5.33　700m 埋深第二次破坏时准则中的前 7 项之和与 71.390 的差值（局部）（后附彩图）

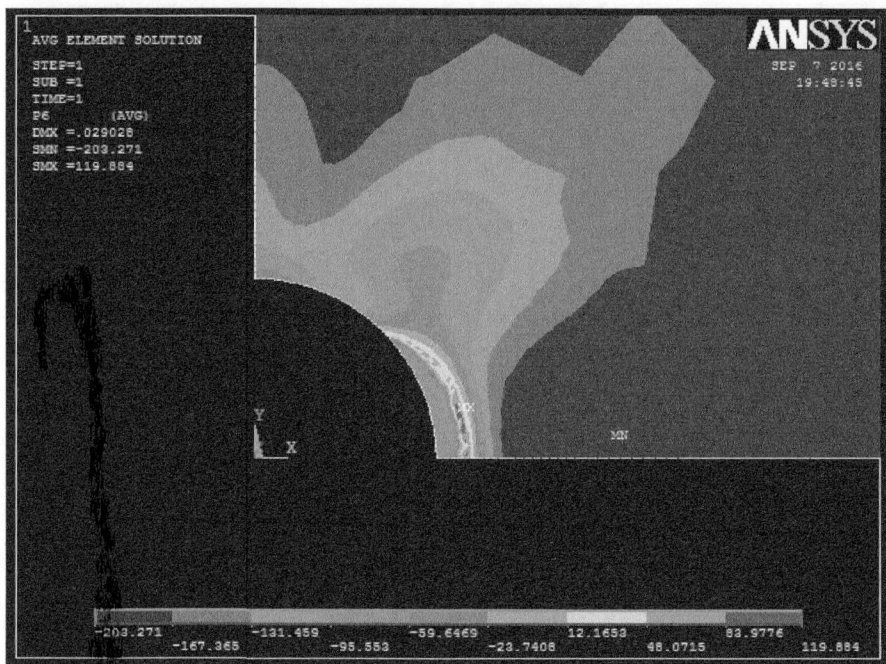

图 5.34　700m 埋深第二次破坏时准则中的前 7 项之和与 71.390 的差值（整体 1）（后附彩图）

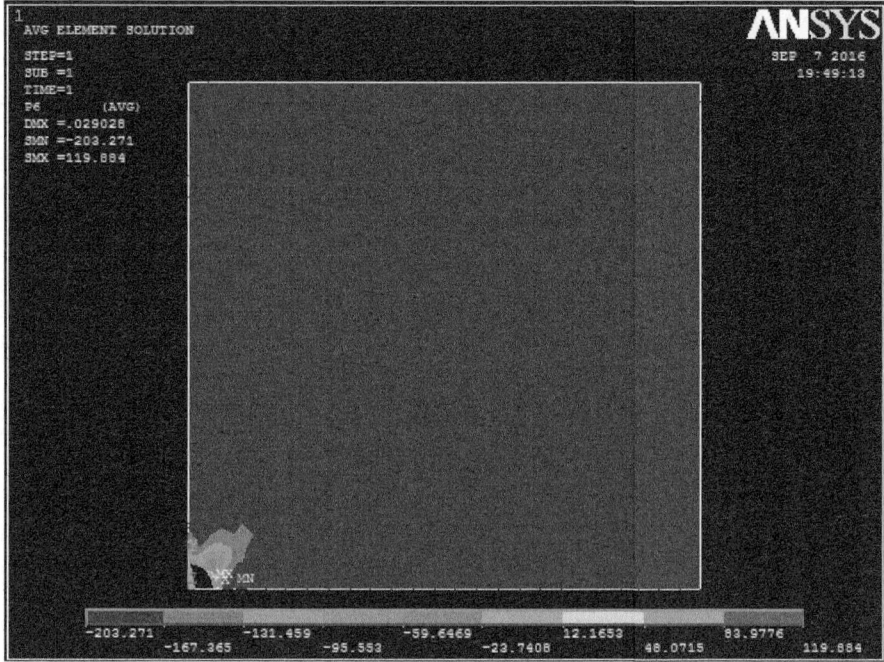

图 5.35　700m 埋深第二次破坏时准则中的前 7 项之和与 71.390 的差值（整体 2）（后附彩图）

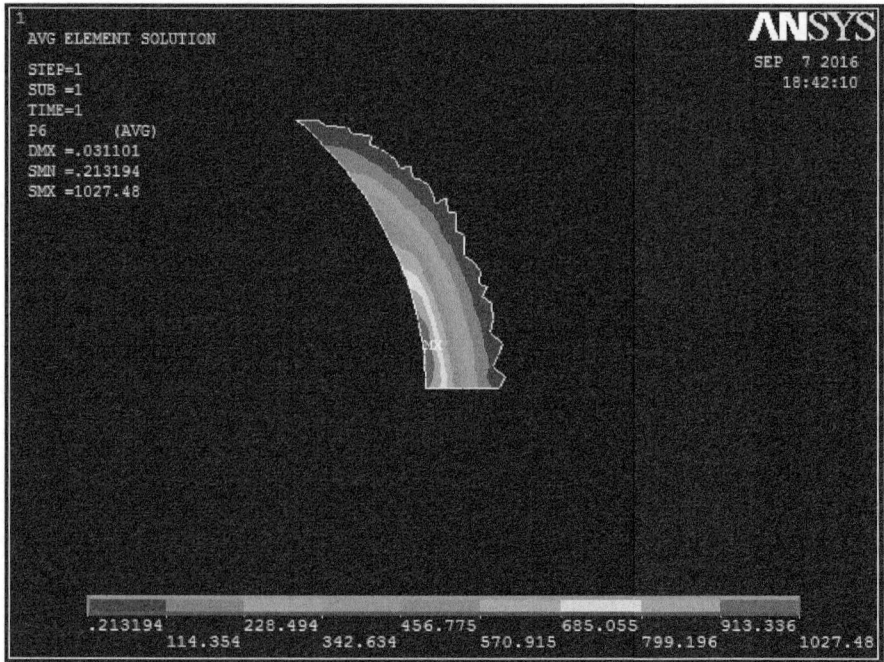

图 5.36　750m 埋深第一次破坏时准则中的前 7 项之和与 71.390 的差值（局部）（后附彩图）

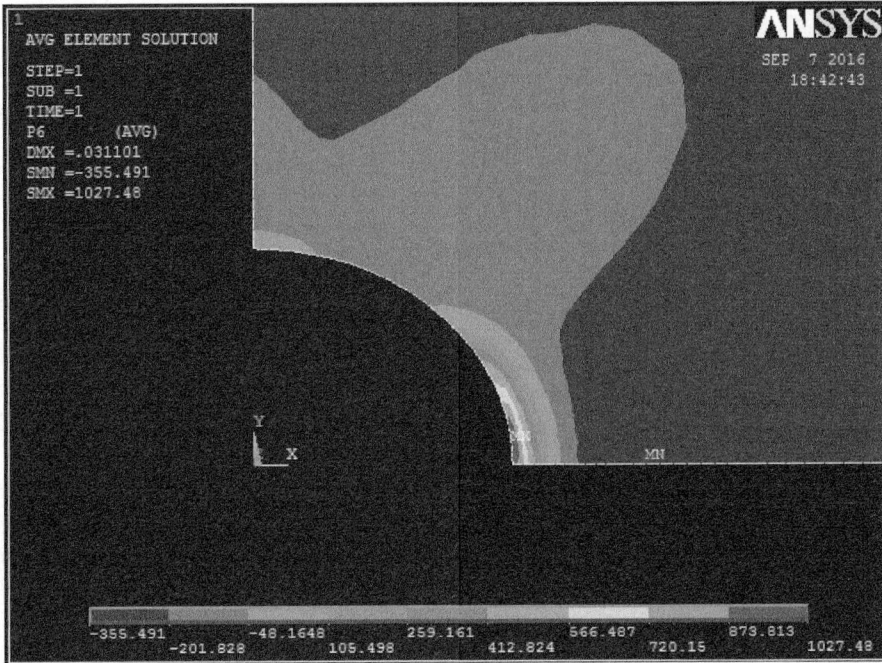

图 5.37　750m 埋深第一次破坏时准则中的前 7 项之和与 71.390 的差值（整体 1）（后附彩图）

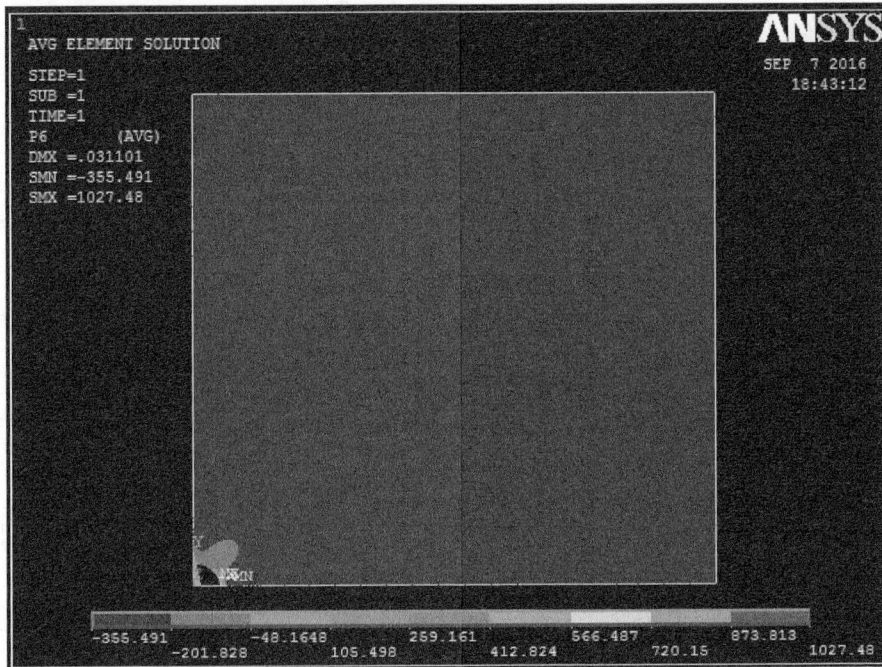

图 5.38　750m 埋深第一次破坏时准则中的前 7 项之和与 71.390 的差值（整体 2）（后附彩图）

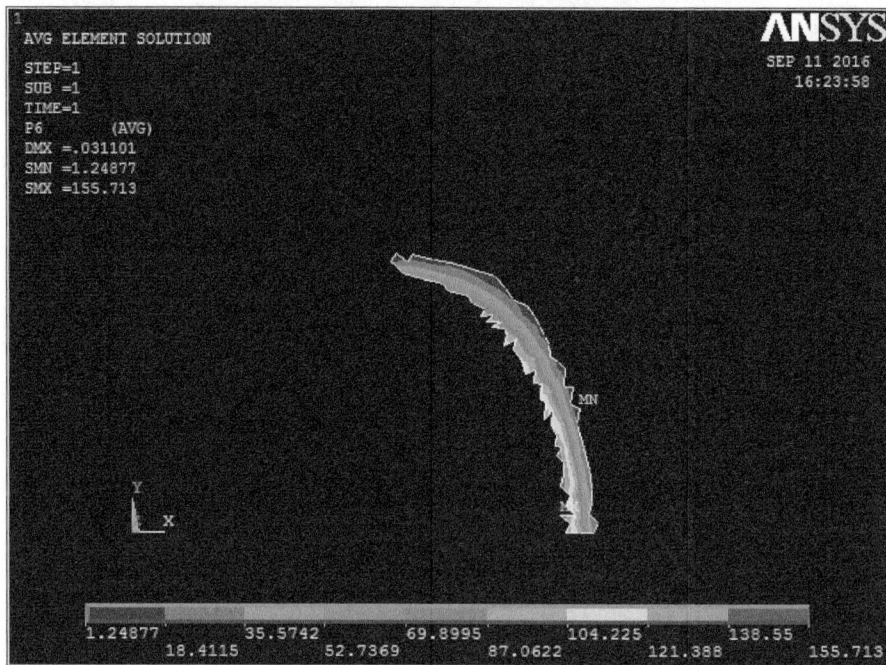

图 5.39　750m 埋深第二次破坏时准则中的前 7 项之和与 71.390 的差值（局部）（后附彩图）

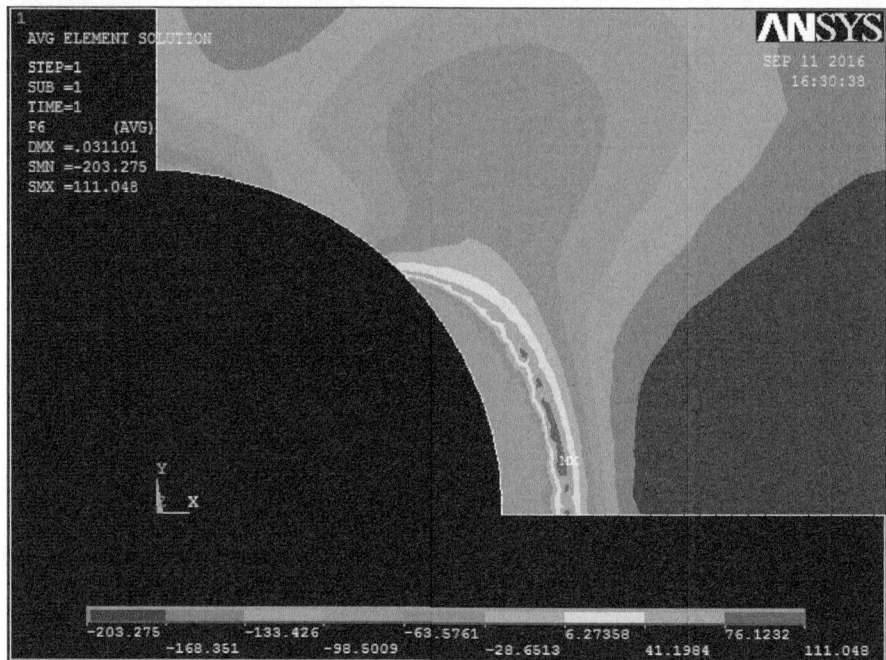

图 5.40　750m 埋深第二次破坏时准则中的前 7 项之和与 71.390 的差值（整体 1）（后附彩图）

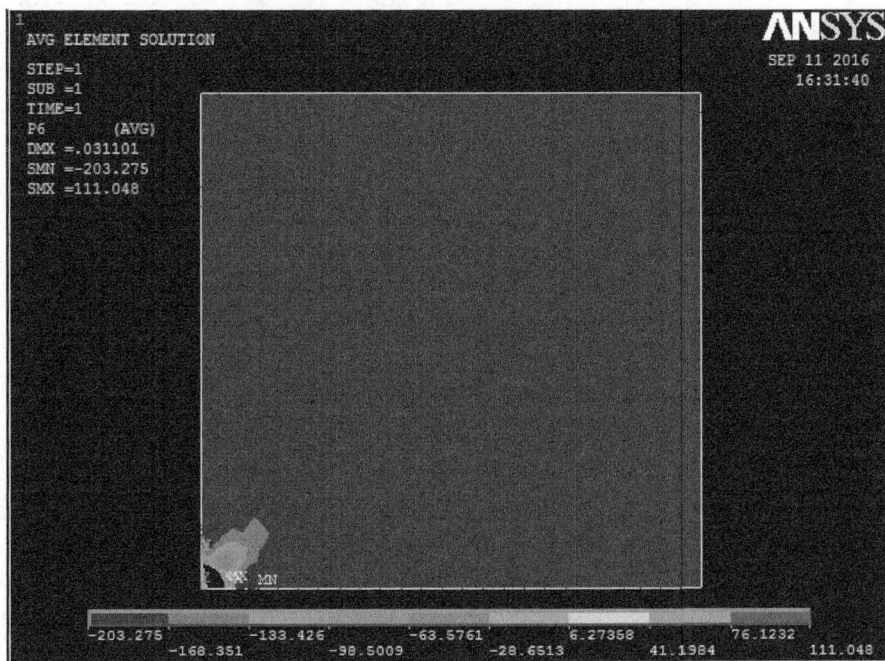

图 5.41　750m 埋深第二次破坏时准则中的前 7 项之和与 71.390 的差值(整体 2)(后附彩图)

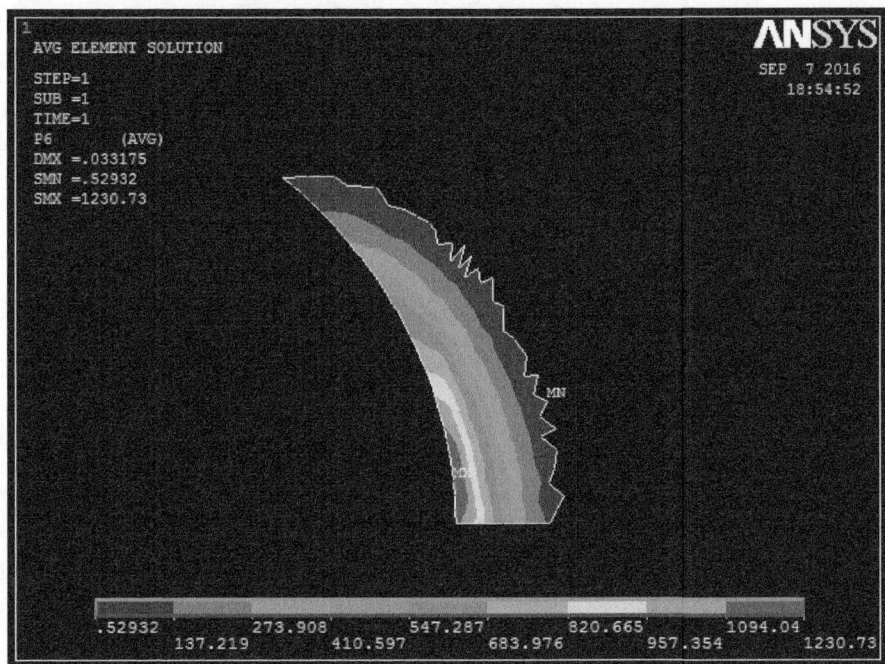

图 5.42　800m 埋深第一次破坏时准则中的前 7 项之和与 71.390 的差值(局部)(后附彩图)

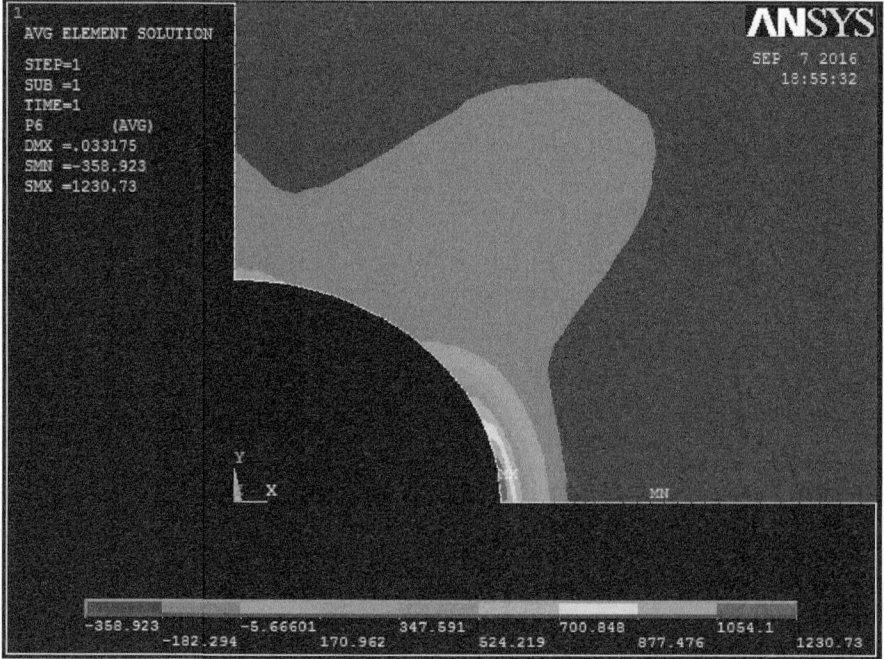

图 5.43　800m 埋深第一次破坏时准则中的前 7 项之和与 71.390 的差值（整体 1）（后附彩图）

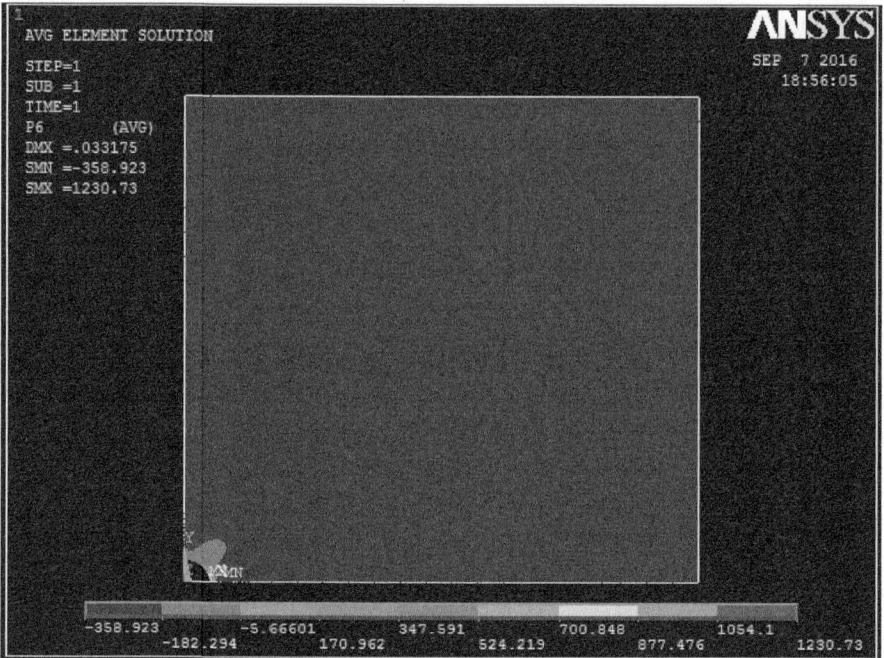

图 5.44　800m 埋深第一次破坏时准则中的前 7 项之和与 71.390 的差值（整体 2）（后附彩图）

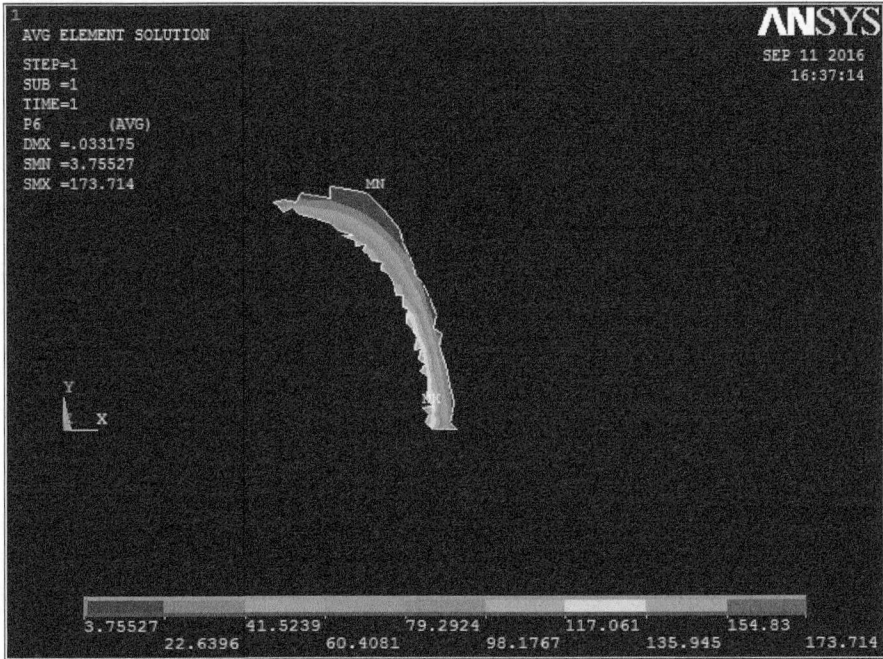

图 5.45　800m 埋深第二次破坏时准则中的前 7 项之和与 71.390 的差值（局部）（后附彩图）

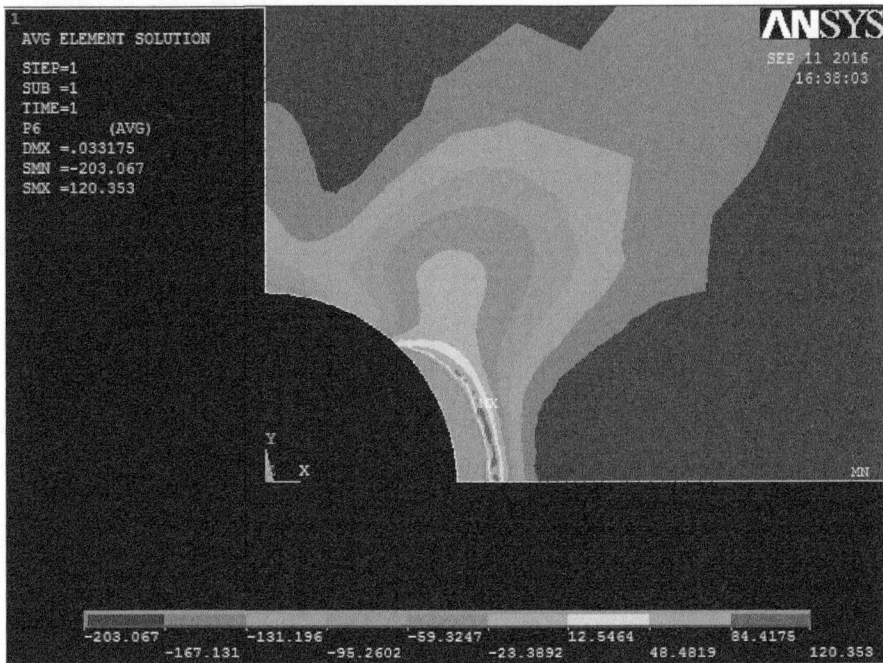

图 5.46　800m 埋深第二次破坏时准则中的前 7 项之和与 71.390 的差值（整体 1）（后附彩图）

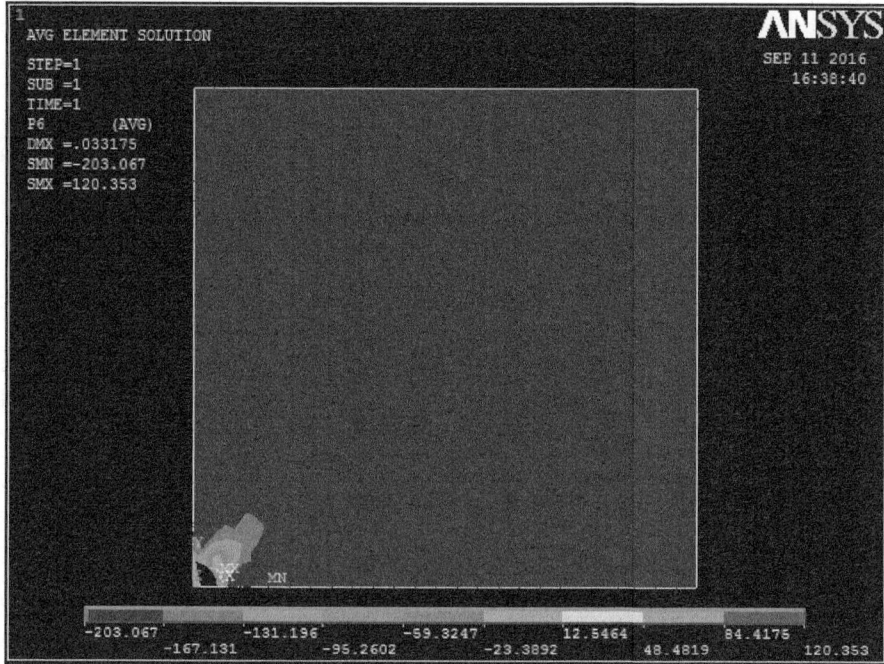

图 5.47　800m 埋深第二次破坏时准则中的前 7 项之和与 71.390 的差值(整体 2)(后附彩图)

(3)在相应于不同埋深 h 情况下的 V_R 发生破坏时围岩未发生破坏区域中的岩体，因"卸载"而释放的能量则可根据本书 4.3.3 节的 (4.10a) 式（即 $U_{(V-V_R)} = \int\limits_{(V-V_R)} (U_1 - U_2)\mathrm{d}(V-V_R)$），其中 U_1 为与初始地应力状态对应的弹性应变比能，U_2 为与二次破坏之后的组合应力状态对应的弹性应变比能，由于第一、二次破坏之后，未破坏区中的组合应力总体上变化不大，所以也可采用第一次破坏后的组合应力计算 U_2）计算；

(4)于是相应不同埋深情况下沿巷道轴线 1m 宽的巷道围岩发生破坏时所释放的总能量为 $U_{总}=U_{V_R}+U_{(V-V_R)}$。计算结果如表 5.8 所示。根据表 5.8 所列数据，即可判定因开挖掘进导致围岩发生破坏所释放的能量是否属于猛烈的能量释放(即是否会引发岩爆)。另外，由表 5.8 所列数据还可看出，围岩未破坏区释放的能量显著大于破坏区释放的能量，这应该就是产生"冲击地压"的根本原因。因为上述能量释放的方向都是指向巷道或洞室内部，这就导致未破坏区释放的巨大能量与破坏区释放的能量一起将破碎围岩（或矿岩）向巷道或洞室空间内的方向"冲击式"的推出。

文献[3]认为：岩爆实质上是因在高地应力岩体或矿体中进行掘进或开采引起

岩体或矿体中积聚的应变能突然释放，诱导了人工地震——岩爆发生。根据地震学的相关理论，天然地震引起的地震波释放能量计算地震级别的公式如下：

$$\lg E = 4.8 + 1.5M$$

式中，E 为岩体积聚的能量；M 为岩爆所对应的震级。如本书所述岩体积聚的能量并不等于岩爆释放的能量，因此笔者认为：应以表 5.8 中的 $U_总$ 代替上式中的 E 来确定沿巷道轴线 1m 宽的巷道围岩发生破坏时引发的岩爆所对应的震级。借此即可判定因 $U_总$ 的释放究竟相当于几级地震，并据此来判定岩爆的强烈程度。

表 5.8　不同埋深 h 情况下沿巷道轴线 1m 宽的巷道围岩发生破坏时所释放的总能量

h /m	U_{V_R} / J	$U_{(V-V_R)}$ / J	$U_总$ / J
700	14344.48	41308	55652.48
750	20684.68	85124	105808.68
800	28586.2	135592	164178.2

参 考 文 献

[1] 萨文 Г Н. 孔附近的应力集中. 卢鼎霖译. 北京：科学出版社，1958.

[2] Мусхелчщвчщ Н И. 数学弹性力学的几个基本问题. 赵惠元译. 北京：科学出版社，1958.

[3] 蔡美峰，冀东，郭奇峰. 基于地应力现场实测与开采扰动能量积聚理论的岩爆预测研究. 岩石力学与工程学报，2013，32(10)：1973-1980.

彩　　图

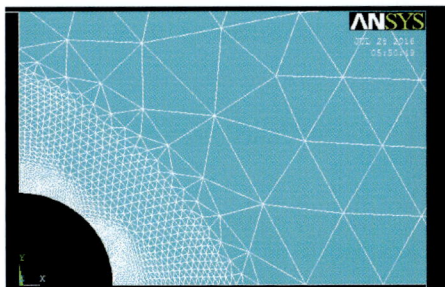

图 5.3

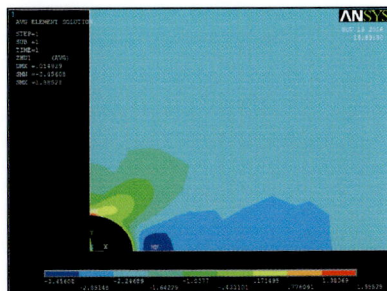

图 5.4

图 5.5

图 5.6

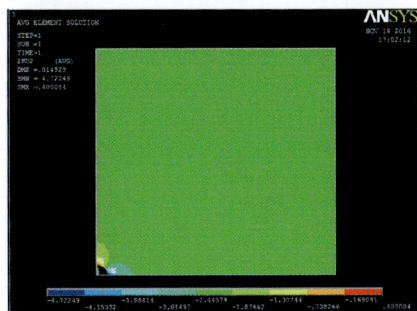

图 5.7

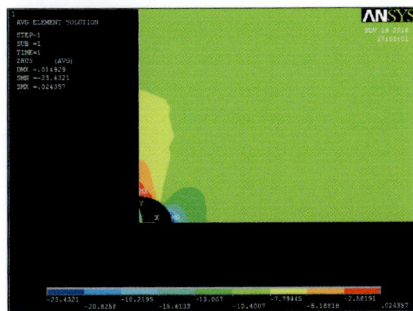

图 5.8

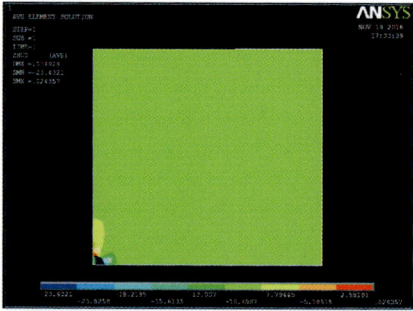

图 5.9

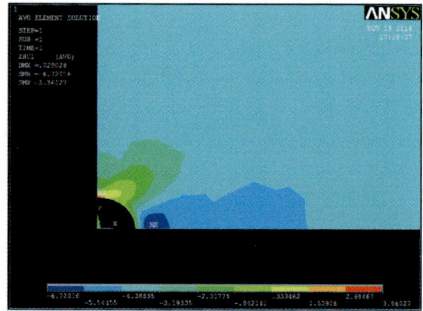

图 5.10

图 5.11

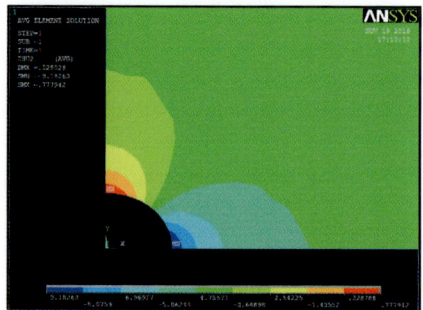

图 5.12

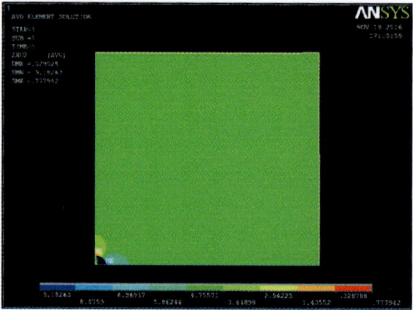

图 5.13

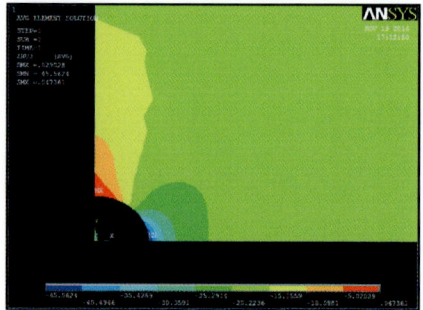

图 5.14

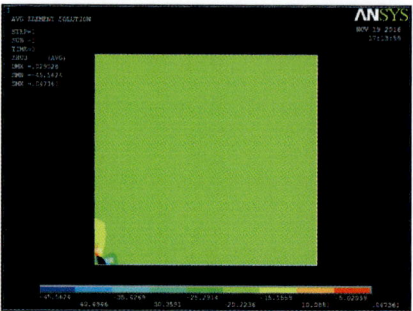

图 5.15

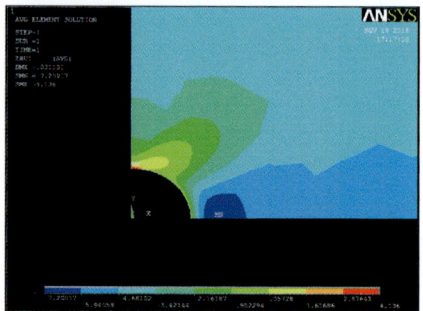

图 5.16

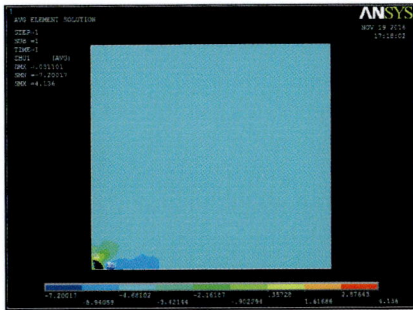
图 5.17

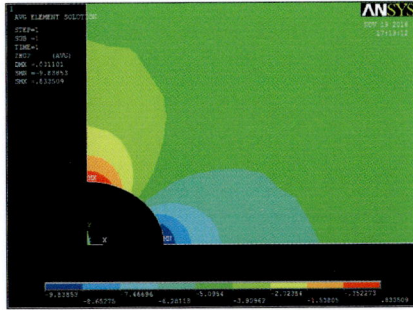
图 5.18

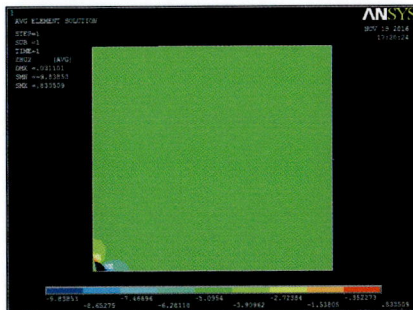
图 5.19

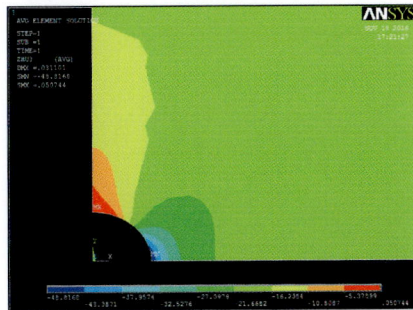
图 5.20

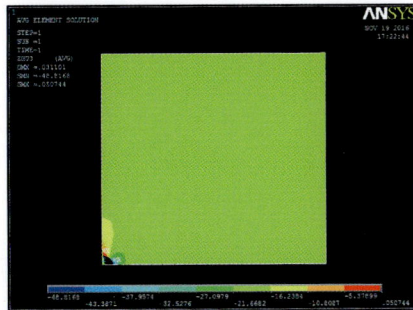
图 5.21

图 5.22

图 5.23

图 5.24

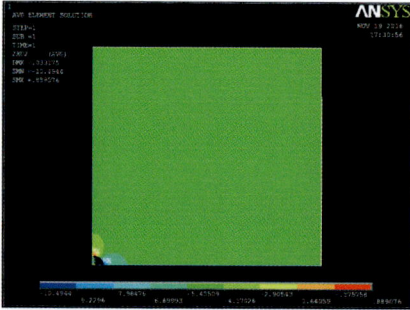

图 5.25

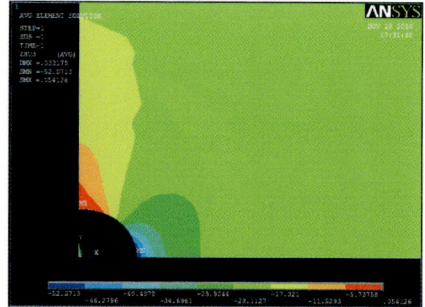

图 5.26

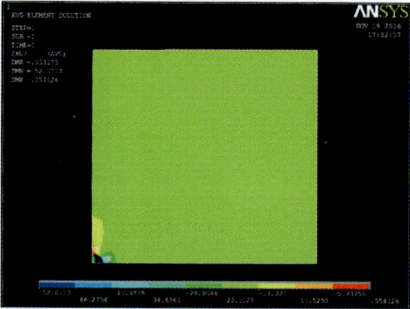

图 5.27

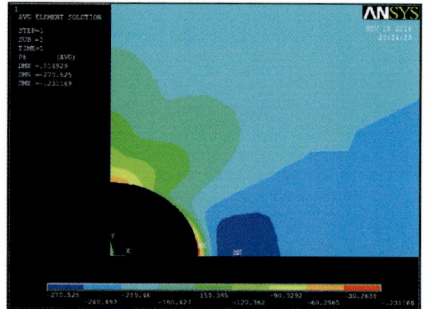

图 5.28

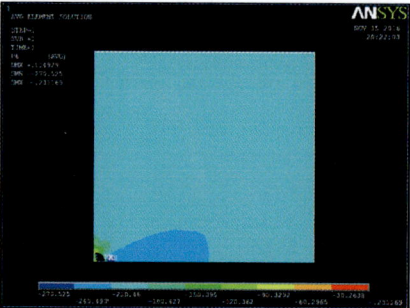

图 5.29

图 5.30

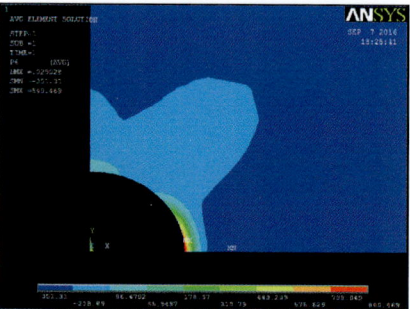

图 5.31

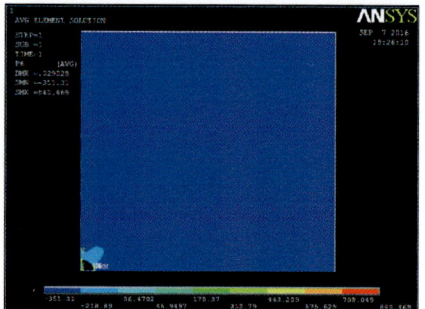

图 5.32

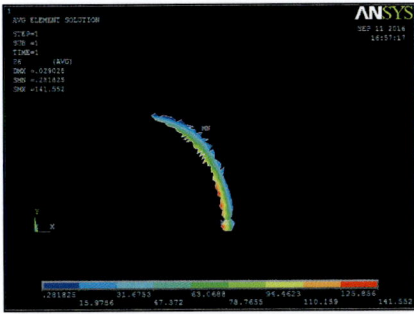

图 5.33

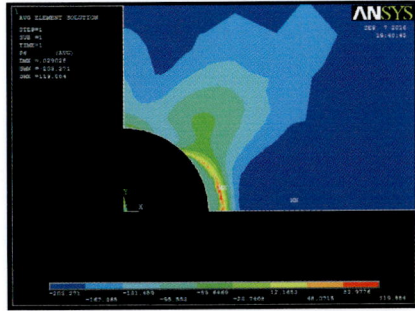

图 5.34

图 5.35

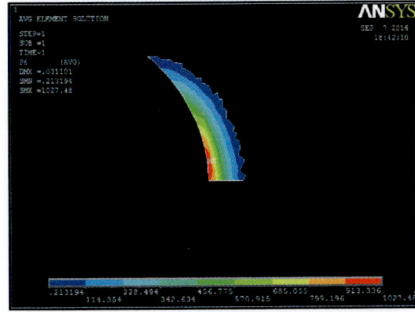

图 5.36

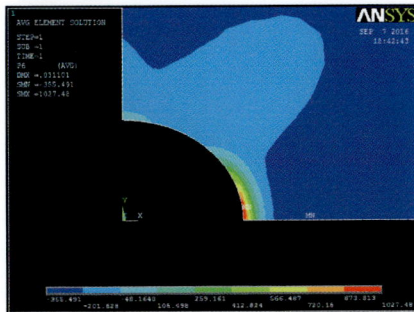

图 5.37

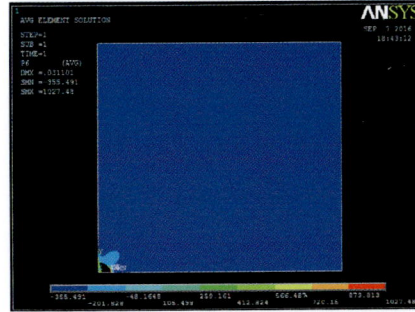

图 5.38

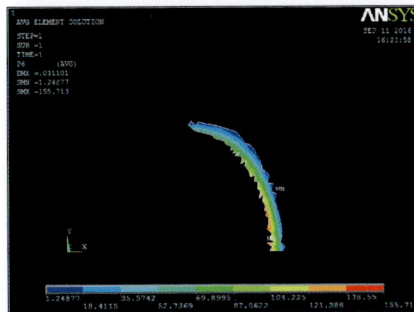

图 5.39

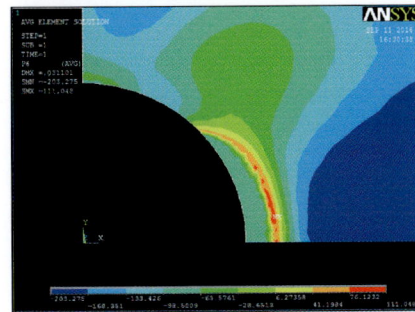

图 5.40

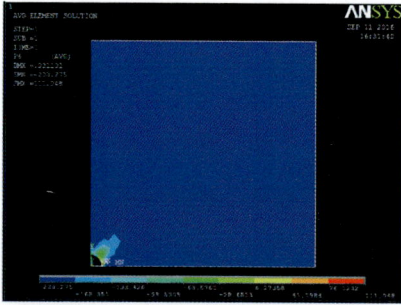
图 5.41

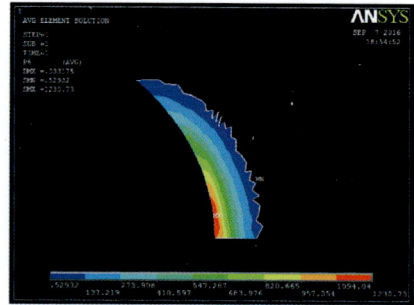
图 5.42

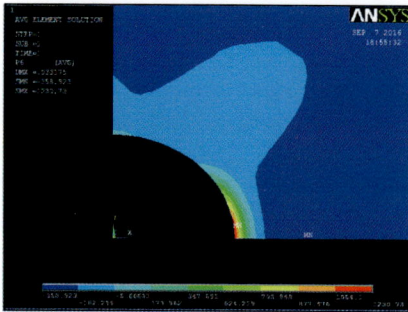
图 5.43

图 5.44

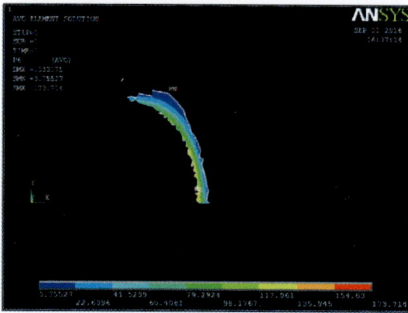
图 5.45

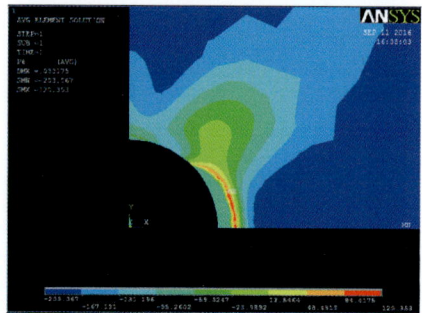
图 5.46

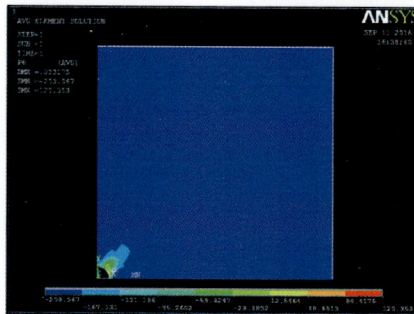
图 5.47